"食品营养与检测"中高职贯通教材

# 食品微生物检验（1）

## SHI PIN WEI SHENG WU JIAN YAN

主 编◎龚漱玉 王 鸿

副主编◎陈瑞玲

主 审◎张 磊

**华东师范大学出版社**

**图书在版编目(CIP)数据**

食品微生物检验.1/龚漱玉,王鸿主编.—上海:华东师范大学出版社,2020

ISBN 978-7-5760-0408-3

Ⅰ.①食… Ⅱ.①龚…②王… Ⅲ.①食品微生物-食品检验 Ⅳ.①TS207.4

中国版本图书馆 CIP 数据核字(2020)第 077421 号

## 食品微生物检验(1)

主　　编　龚漱玉　王　鸿
责任编辑　陈文帆
项目编辑　陈文帆　孔　凡
特约审读　陈俊学
责任校对　周跃新
装帧设计　庄玉侠

出版发行　华东师范大学出版社
社　　址　上海市中山北路 3663 号　邮编 200062
网　　址　www.ecnupress.com.cn
电　　话　021-60821666　行政传真 021-62572105
客服电话　021-62865537　门市(邮购)电话 021-62869887
地　　址　上海市中山北路 3663 号华东师范大学校内先锋路口
网　　店　http://hdsdcbs.tmall.com

印刷者　广东虎彩云印刷有限公司
开　　本　787×1092　16 开
印　　张　7.5
字　　数　184 千字
版　　次　2020 年 9 月第 1 版
印　　次　2020 年 9 月第 1 次
书　　号　ISBN 978-7-5760-0408-3
定　　价　28.00 元

出 版 人　王　焰

# "食品营养与检测"中高职贯通一体化教材开发课题组成员

项目组组长　郭洪涛　王玉章

项目主持人　沈佳秋　韩如伟

项目组成员　薛鹏飞　曲春波　陈光华　陈庆华
　　　　　　王　鸿　朱　菁

# 前　言

　　《食品微生物检验(1)》是中高职贯通食品营养与检测专业的一门实践性、技术性很强的核心课。本书以食品微生物检验职业岗位的需求为导向,紧扣食品安全国家标准的要求,注重良好职业素质的养成。本书内容包括微生物检验检测岗位认知,微生物检验检测的样品采集和处理方法,实验室常用设备的使用方法,接种分离技术,染色镜检技术,无菌操作的技术,培养基配制、相关试剂准备,细菌菌落总数、大肠菌群、霉菌酵母菌的测定,实验数据处理和判定。本书是由从事食品微生物检验的专业教师和行业技术人员共同编写完成。上海科技管理学校的王鸿老师编写绪论、项目一、项目二;龚漱玉老师编写项目三、项目四、项目五;上海贸易学校的陈瑞玲老师与上海质量检测站的张磊老师负责全书的审阅与成稿。

　　本书既可作为中高职贯通食品类专业的教材外,也可以作为技能鉴定和岗位培训的资料。由于水平和时间有限,书中难免有不妥之处,敬请使用该教材的各位老师和同学提出宝贵意见,以使我们的教材得到充实和完善。

编者

2020 年 4 月

# 目 录

# 绪　论

1. 知道微生物的定义、特征。
2. 掌握显微镜的结构与使用方法。
3. 了解微生物在食品行业的作用。

微生物与人类相处数千年,人身体内 70％～90％的细胞都是微生物细胞,事实上,人体内存在着一个规模庞大的微生物群系,这个群系中的微生物相互支持、彼此竞争协作,形成了一个复杂的网络,保障着人们的健康。但是滥用抗生素等行为,扰乱了人体内微生物群系的稳定,打破了人体与微生物之间的平衡,已经危害到人们的代谢、免疫。人体外也存在大量的微生物,尽管不易看见,但是它无时无刻围绕着我们。它们所做的"好事"和"坏事"就可以使我们感觉到它的存在。比如,你经常不洗手,吃没有洗干净的水果,就容易得痢疾;穿衣服不注意易得感冒;家里买的肉、菜等保管不好会烂掉,这都是因为微生物在捣鬼。我们食用的馒头、面包、酱油、醋、酒等,也都是微生物帮我们制造的,如果没有微生物,我们也就无法品尝到酸奶、果奶等饮料。微生物这个大世界里既有"好人",也有"坏蛋",而且还有许多大家不认识、不了解的微生物。发现、认识、了解它们,利用、预防、控制它们,是从事微生物检验工作人员从未间断的工作。

## 任务描述 ◎

1. 知道微生物的定义与特征。
2. 会使用显微镜观察微生物。
3. 会简单维护显微镜。

## 相关知识 ◎

### 一、走进微生物世界

地球诞生至今已有 45 亿年,其中微生物已经生活了 35 亿年,它们是地球上的第一批居民。这些居民都有一个共同的特点就是个个都小得惊人,人类肉眼无法看见这些个体微小、构造简单的低等生物。微生物的特征可以归纳为 30 个字,即:体积小、面积大、吸收多、转化快、生长旺、繁殖快、适应强、变异频、分布广、种类多。

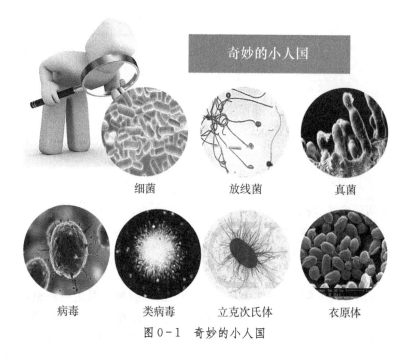

图 0-1　奇妙的小人国

### (一)体积小,面积大

微生物的个体极其微小,必须借助显微镜放大几十倍、几百倍、几千倍,乃至数万倍才能看清。表示微生物大小的单位是 $\mu$m($1\ m=10^6\ \mu$m)或 nm($1\ m=10^9\ nm$)。

以细菌中的杆菌为例可以形象地说明微生物个体的细小。杆菌的宽度是 $0.5\ \mu$m,因此 80 个杆菌"肩并肩"地排列成横队,也只有一根头发丝的宽度。杆菌的长度约 $2\ \mu$m,故 1500 个杆菌头尾衔接起来仅有一颗芝麻长。

我们知道,把一定体积的物体分割得越小,它们的总表面积就越大,可以把物体的表面积和体积之比称为比表面积。如果把人的比表面积值定为 1,则大肠杆菌的比表面积值竟高达 30 万! 这样一个小体积大面积系统是微生物与一切大型生物在许多关键生理特征上的区别所在。

### (二)吸收多,转化快

由于微生物的比表面积大得惊人,所以与外界环境的接触面特别大,这非常有利于微生物通过体表吸收营养和排泄废物,就使它们的"胃口"十分庞大。而且,微生物的食谱又非常广泛,凡是动植物能利用的营养,微生物都能利用;大量的动植物不能利用的物质,甚至剧毒的物质,微生物照样可以视为美味佳肴。如大肠杆菌在合适条件下,每小时可以消耗相当于自身重量 2000 倍的糖,而人要完成这一过程则需要 40 年之久。如果说一个 50 kg 重的人一天吃掉与体重等重的食物,恐怕无人会相信。

我们可以利用微生物这个特性,发挥"微生物工厂"的作用,使大量基质在短时间内转化为大量有用的化工、医药产品或食品,使有害物质化为无害,将不能利用的物质变为植物的肥料。

### (三)生长旺,繁殖快

微生物以惊人的速度"生儿育女"。例如大肠杆菌在合适的生长条件下,每 12.5～20 min 便可繁殖一代,每小时可分裂 3 次,由 1 个变成 8 个。每昼夜可繁殖 72 代,由 1 个细菌变成

4 722 366 500万亿个(重约4 722吨);经48 h后,则可产生2.2×10$^{43}$个后代,如此多的细菌的重量约等于4 000个地球之重。表0-1列出了几种微生物的代时(分裂1次所需的时间)和每日增殖率。

表0-1 微生物的代时和每日增殖率

| 微生物名称 | | 代时 | 每日分裂次数 | 温度(℃) | 每日增殖率 |
|---|---|---|---|---|---|
| 细菌 | 乳酸菌 | 38 min | 38 | 25 | 2.7×10$^{11}$ |
| | 大肠杆菌 | 18 min | 80 | 37 | 1.2×10$^{24}$ |
| | 根瘤菌 | 110 min | 13 | 25 | 8.2×10$^{3}$ |
| | 枯草杆菌 | 31 min | 46 | 30 | 7.0×10$^{13}$ |
| | 光合细菌 | 144 min | 10 | 30 | 1.0×10$^{3}$ |
| 酿酒酵母菌 | | 120 min | 12 | 30 | 4.1×10$^{3}$ |
| 藻类 | 小球藻 | 7 h | 3.4 | 25 | 10.6 |
| | 念球藻 | 23 h | 1.04 | 25 | 2.1 |
| | 硅藻 | 17 h | 1.4 | 20 | 2.64 |
| 草履虫 | | 10.4 h | 2.3 | 26 | 4.92 |

当然,由于种种条件的限制,这种疯狂的繁殖是不可能实现的。细菌数量的翻番只能维持几个小时,不可能无限制地繁殖。因而在培养液中繁殖细菌,它们的数量一般仅能达到每毫升1～10亿个,最多达到100亿。尽管如此,它们的繁殖速度仍比高等生物高出千万倍。微生物的这一特性在发酵工业上具有重要意义,可以提高生产效率,缩短发酵周期。

**(四)适应强,变异频**

微生物对环境条件尤其是恶劣的"极端环境"具有惊人的适应力,这是高等生物所无法比拟的。例如,多数细菌能耐0～-196℃的低温;在海洋深处的某些硫细菌可在250～300℃的高温条件下正常生长;一些嗜盐细菌甚至能在饱和盐水中正常生活;产芽孢细菌和真菌孢子在干燥条件下能保藏几十年、几百年甚至上千年。耐酸碱、耐缺氧、耐毒物、抗辐射、抗静水压等特性在微生物中也极为常见。

微生物个体微小,与外界环境的接触面积大,容易受到环境条件的影响而发生性状变化(变异)。尽管变异发生的机会只有百万分之一到百亿分之一,但由于微生物繁殖快,也可在短时间内产生大量变异的后代。正是由于这个特性,人们才能够按照自己的要求不断改良在生产上应用的微生物,如青霉素生产菌的发酵水平由每毫升20单位上升到近10万单位,利用变异和育种得到如此大幅度的产量提高,在动植物育种工作中简直是不可思议的。

**(五)分布广,种类多**

虽然我们不借助显微镜就无法看到微生物,可是它在地球上几乎无处不有,无孔不入,就连我们人体的皮肤上、口腔里,甚至胃肠道里,都有许多微生物。85 km的高空、11 km深的海底、2 000 m深的地层、近100℃(甚至300℃)的温泉、零下250℃的环境下,均有微生物存在,这些都属极端环境。至于人们正常生产生活的地方,也正是微生物生长生活的适宜条件。因此,人类生活在微生物的汪洋大海之中,但常常是"身在菌中不知菌"。微生物聚集最多的地方是土壤,土壤是各种微生物生长繁殖的大本营,任意取一把土或一粒土,就是一个微生物世界,不论数量或种类均很多。在肥沃的土壤中,每克土含有20亿个微生物,即使是贫瘠的土壤,每克土中也含有3亿～5亿个微生物。

空气里悬浮着无数细小的尘埃和水滴,它们是微生物在空气中的藏身之地。哪里的尘埃多,哪里的微生物就多。一般来说,陆地上空比海洋上空的微生物多,城市上空比农村上空多,杂乱肮脏地方的空气里比整洁卫生地方的空气里的多,人烟稠密、家畜家禽聚居地方的空气里的微生物最多。早在数十年前我国的一位科学家,就曾经乘飞机在160 m到5 300 m的高空采集过微生物,发现在这一高度范围内都有微生物在活动,不过在160 m高空的微生物比5 300 m处要多100倍。

各种水域中也有无数的微生物。居民区附近的河水和浅井水容易受到各种污染,水中的微生物就比较多。大湖和海水中,微生物较少。

从人和动植物的表皮到人和动物的内脏,也都生活着大量的微生物。如大肠杆菌在大肠中清理消化不完的食物残渣,所以,在正常情况下,它是人肠道缺少不了的帮手呢!把手放到显微镜下观察,一双普通的手上带有细菌4万到40万个,即使是一双刚刚用清水洗过的手,上面也有近300个细菌。人们在握手时,会把许多细菌传播给对方,所以握手也能传播疾病!幸好大多数微生物不是致病菌,否则后果将不堪设想。

微生物种类繁多。迄今为止,我们所知道的微生物约有10万种,有人估计目前已知的种类数量只占地球上实际存在的微生物总数的20%,微生物很可能是地球上物种最多的一类。微生物资源是极其丰富的,但在人类生产和生活中仅开发利用了已发现微生物种数的1%。

综上所述,微生物是一大群个体微小,必须借助于显微镜才能看清它们外形的低等的、原始的微小生物,大多为单细胞,少数为多细胞,甚至没有细胞结构。通常包括细菌、真菌、病毒、原生动物和某些藻类,它们的大小和特征见表0-2。其中属于原核生物类的有细菌、放线菌、蓝细菌、支原体、立克次氏体;属于真核生物类的有真菌、原生动物和显微藻类。以上这些微生物在光学显微镜下可见。蘑菇和银耳等食用菌、药用菌是个例外,尽管可用cm表示它们的大小,但其本质是真菌,我们称它们为大型真菌。而属于非细胞生物类的病毒、类病毒和朊病毒(又称朊粒)等则需借助电子显微镜才能看到。

表0-2  微生物形态、大小和细胞类型表

| 微生物类别 | 大小近似值 | 细胞特征 |
| --- | --- | --- |
| 细菌 | $0.1～10\ \mu m$ | 原核生物 |
| 真菌 | $2\ \mu m～1\ m$ | 真核生物 |
| 病毒 | $0.01～0.25\ \mu m$ | 非细胞生物 |
| 原生动物 | $2～1\ 000\ \mu m$ | 真核生物 |
| 藻类 | $1\ \mu m～几米$ | 真核生物 |

## 二、认识微生物

三百多年前,荷兰有个名叫列文虎克的布匹商人,他读书虽然不多,但热爱科学,富有刻苦

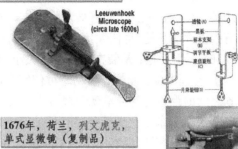

Leeuwenhoek
Microscope
(circa late 1600s)

1676年，荷兰，列文虎克，
单式显微镜（复制品）

图0-2 列文虎克与单式显微镜

钻研的精神，还有一手高明的磨制放大镜技术。一天，列文虎克用自己磨制的放大镜观察一滴湖水，惊奇地发现一些从未见过的"小虫子"在不停地蠕动。他把这些"小虫子"叫作"微动物"，这就是首次被人类发现的微生物。1665年前后，列文虎克在显微镜中增设粗动和微动机构、照明系统和承载标本片的工作台。这些部件经过不断改进，成为现代显微镜的基本组成部分。

**(一) 普通光学显微镜的结构**

现代食品微生物检验中常使用的是普通光学显微镜（图0-3），主要分为两部分：机械部分和光学部分。

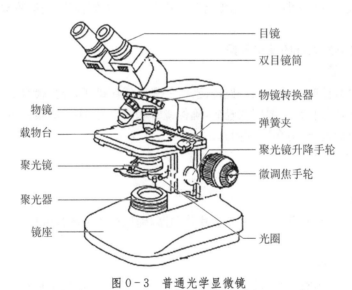

目镜

双目镜筒

物镜转换器

弹簧夹

聚光镜升降手轮

微调焦手轮

物镜

载物台

聚光镜

聚光器

镜座

光圈

图0-3 普通光学显微镜

**1. 机械部分**

(1) 镜座：是显微镜的底座，用以支撑整个镜体。

(2) 镜臂：一端连于镜筒，一端连于镜座，是取放显微镜时手握部位。

(3) 镜筒：连在镜臂的前上方，镜筒上端装有1~2个目镜，下端装有物镜转换器。

(4) 物镜转换器：接于棱镜壳的下方，可自由转动，盘上有3~4个圆孔，是安装物镜部位，转动转换器，可以调换不同倍数的物镜，当听到碰叩声时，方可进行观察，此时物镜光轴恰好对准通光孔中心,光路接通。

(5) 载物台:在镜筒下方,形状有方、圆两种,用以放置玻片标本,中央有一通光孔,我们所用的显微镜其镜台上装有玻片标本推进器,推进器左侧有弹簧夹,用以夹持玻片标本,镜台下有推进器调节轮,可使玻片标本作左右、前后方向的移动。

(6) 调焦手轮:是装在镜臂上的大小两种螺旋,调节时使镜台作上下方向的移动。

① 粗调螺旋:此螺旋移动时可使镜台作快速和较大辐度的升降,所以能迅速调节物镜和标本之间的距离使物像呈现于视野中,通常在使用低倍镜时,先用粗调螺旋迅速找到物像。

② 细调螺旋:此螺旋移动时可使镜台缓慢地升降,多在运用高倍镜时使用,从而得到更清晰的物像,并借以观察标本的不同层次和不同深度的结构。

2. 光学部分

(1) 目镜:装在镜筒的上端,通常备有2~3个,上面刻有"5×"、"10×"或"15×"符号以表示其放大倍数,一般装的是"10×"的目镜。

(2) 物镜:装在镜筒下端的转换器上,一般有3~4个物镜,其中最短的刻有"10×"符号的为低倍镜,较长的刻有"40×"符号的为高倍镜,最长的刻有"100×"符号的为油镜,此外,在高倍镜和油镜上还常加有一圈不同颜色的线,以示区别。

(3) 聚光镜:位于载物台下方的聚光镜架上,由聚光镜和光圈组成,其作用是把光线集中到所要观察的标本上。由一片或数片透镜组成,起汇聚光线的作用,加强对标本的照明,并使光线射入物镜内,镜臂上有一调节螺旋,转动它可升降聚光器,以调节视野中光亮度的强弱。在聚光镜下方,设有虹彩光圈,由十几张金属薄片组成,其外侧伸出一柄,推动它可调节其开孔的大小,以调节光量。

**(二) 普通光学显微镜的使用步骤**

1. 取用和放置

首先,移动显微镜时必须一只手握持镜臂,一只手托住镜座,保持镜身直立,切不可用一只手倾斜提携,防止摔落目镜。要轻取轻放,确保镜臂朝向自己,距实验桌边沿5~10 cm处。要求实验桌平稳,桌面清洁,避免直射阳光。

2. 开启光源

打开电源开关。

3. 放置标本

将玻片标本卡入玻片移动器,调节玻片移动器,确保标本上的检验位置正对通光孔中央的位置。

4. 低倍物镜观察

用显微镜观察标本时,应先用低倍物镜找到物像。因为低倍物镜观察范围大,较易找到物像,且易找到需作精细观察的部位。其方法如下:

(1) 转动粗调螺旋,用眼从显微镜侧面观望,使镜筒与载物台上的标本逐渐接近,直到低倍物镜距标本0.5 cm左右。

(2) 用双眼从目镜中观察,用手慢慢转动粗调螺旋,调节镜筒与载物台上的标本之间的距离,直到视野内的物像清晰为止。此后改用微调螺旋,稍加调节焦距,使物像最清晰。

(3) 用手旋转载物台下方玻片标本移动器调节旋钮,直到视野内出现待观察的物像。要注意视野中的物像为倒像,移动玻片标本时应向相反方向移动。

5. 高倍物镜观察

在低倍观察基础上,若放大倍数不够,可进行高倍观察。其方法如下:

(1)转动粗调螺旋,用眼从显微镜侧面观望,使镜筒与载物台上的标本之间距离增大,确保旋转更换高倍物镜时,不会碰碎标本。

(2)旋转物镜转换器,使高倍物镜移到工作位置,然后从旁观察,小心地慢慢升高高倍物镜,寻找目标。随后调节细调螺旋,直到视野内待观察的物像清晰。

(3)用手旋转载物台下方玻片标本移动器调节旋钮,前后左右调整标本的位置,直至视野中出现待观察的清晰部位。

使用高倍物镜时,由于物镜与标本之间距离很近,因此要特别仔细,不能用粗调螺旋,只能用细调螺旋。

6. 更换标本

观察完毕,如需换用另一个玻片标本,需要转动粗调螺旋,用眼从显微镜侧面观望,使镜筒与载物台上的标本之间距离增大,确保旋转镜头时,不会碰碎标本。再将高倍物镜转回低倍物镜,取下原标本,更换新标本,按照上文第3个步骤重复操作,即可观察。

注意:千万不可在高倍物镜下换片,以防损坏镜头。

7. 整理

显微镜使用完毕后,下降载物台,取下玻片标本,清洁显微镜。把物镜转离通光孔呈"八"字形。最后,将显微镜放回指定位置,并套上专用布袋。

**(三)普通光学显微镜的维护**

(1)必须熟练掌握并严格执行使用规程,按照严格的流程和说明书来操作显微镜。

(2)取送显微镜时一定要一手握住镜臂,另一手托住镜座。显微镜不能倾斜,以免目镜从镜筒上端滑出。取送显微镜时要轻拿轻放。

(3)观察时,不能随便移动显微镜的位置。

(4)凡是显微镜的光学部分,只能用特殊的擦镜头纸擦拭,不能乱用他物擦拭,更不能用手指触摸透镜,以免汗液玷污透镜。

(5)保持显微镜的干燥、清洁,避免灰尘、水及化学试剂的玷污。

(6)转换物镜镜头时,不要扳动物镜镜头,只能转动转换器。

(7)切勿随意转动调焦手轮。使用细调焦旋钮时,用力要轻,转动要慢,转不动时不要硬转。

(8)不得任意拆卸显微镜上的零件,严禁随意拆卸物镜镜头,以免损伤转换器螺口,或螺口松动后使低倍高倍两物镜转换时不齐焦。

(9)使用高倍物镜时,勿用粗调焦手轮调节焦距,以免移动距离过大,损伤物镜和玻片。

(10)使用完毕,必须检查物镜镜头上是否沾有水或试剂,如有则要擦拭干净,并且要把载物台擦拭干净,然后套上防尘罩。

(11)显微镜最好保存在干燥、清洁的环境中,避免灰尘以及化学品玷污。

随着科学的发展,新技术和研究方法的应用,尤其是电子显微镜和超显微结构研究技术的应用,帮助人们看到了微生物细胞内部结构,电子显微镜是20世纪最重要的发明之一,由于电子的速度可以加到很高,电子显微镜的分辨率可以达到纳米(nm)级($10^{-9}$ m)。很多在可见光下看不见的物体——例如病毒——在电子显微镜下现出了原形。

1983年,IBM公司苏黎世实验室的两位科学家格尔德·宾宁(Gerd Binnig)和海因里希·罗雷尔(Heinrich Rohrer)发明了扫描隧道显微镜(STM),这种显微镜没有镜头,它使用一根探针,探针和物体之间加上电压,如果探针距离物体表面很近——大约在纳米级(nm)的距离上——电子会穿过物体与探针之间的空隙,形成一股微弱的电流。如果探针与物体的距离发生变化,这股电流也会相应地改变,通过测量电流就能知道物体表面的形状,分辨率可以达到单个原子的级别。

几百年前列文虎克把他制作显微镜的技术视为秘密,今天,显微镜已经成为了解微生物世界的一种工具。

### 三、发现和利用微生物

#### (一)微生物的分布特点

微生物的特征——分布广,种类多。虽然我们不借助显微镜就无法看到微生物,可是它在地球上几乎无处不在,无孔不入,就连我们的皮肤上、口腔里,甚至胃肠道里,都有许多微生物。85 km的高空、11 km深的海底、2 000 m深的地层、近100℃(甚至300℃)的温泉、零下250℃的环境下,均有微生物存在,这些都属极端环境。至于人们正常生产生活的地方,也正是微生物生长生活的适宜条件。因此,人类生活在微生物的汪洋大海之中,但常常是"身在菌中不知菌"。

1. 土壤中的微生物

尽管微生物在自然界广泛分布,四海为家,但微生物的种类和数量聚集最多的地方还是土壤。土壤是各种微生物生长繁殖的大本营,任意取一把土或一粒土,就是一个微生物世界。在肥沃的土壤中,每克土含有二十亿个微生物,放线菌和真菌的数量也可达到数十万。即使是贫瘠的土壤,在荒无人烟的沙漠,一克沙土中也有数十万个微生物。土壤为微生物提供一切营养物质和生长繁殖的适宜环境,同时微生物几乎参与土壤中的所有生物化学变化。它们担当"清道夫"的角色,把动植物和微生物的遗体分解,并且把一些重要的矿物元素由植物不易吸收的形式,转变为植物可以吸收利用的无机盐。有些微生物还将空气中的氮固定下来转变为氨,供植物利用。

2. 水中的微生物

微生物也是一群泽国精灵,无论是江河湖泊还是汪洋大海,自然界所有的水体中都有微生物的身影。虽然水体中的有机质含量不及土壤中丰富,水体中的空气供应也较差,但微生物还是能获得一些必需的营养,加上微生物本身具有极强的适应能力,水体便成为第二个微生物广泛分布的天然环境。由于微生物具有降解各种有机污染物的能力,因此,水体中的微生物是水体自然净化的生力军。

3. 空气中的微生物

空气里悬浮着无数细小的尘埃和水滴,它们是微生物在空气中的藏身之地。哪里的尘埃多,哪里的微生物就多。一般来说,陆地上空比海洋上空的微生物多,城市上空比农村上空多,杂乱肮脏地方的空气里比整洁卫生地方的空气里的多,人烟稠密、家畜家禽聚居地方的空气里的微生物最多。早在60年前我国有一位科学家,就曾经乘飞机在160 m到5 300 m的空中采集过微生物,发现都有微生物在活动,不过在160 m空中的微生物比5 300 m处要多100倍。各种水域中也有无数的微生物,居民区附近的河水和浅井水容易受到各种污染,水中的微生物就比较多。大湖和海水中微生物较少。

人的体表也存在大量微生物,比如:没有清洗的手上带有细菌 4 万到 40 万个,用清水洗过的手,上面有近 300 个细菌。人们在握手时,会把许多细菌传播给对方,所以握手也能传播疾病!幸好大多数微生物不是致病菌,否则后果将不堪设想。

**(二) 利用微生物**

时至今日,一提到细菌,就会让很多人联想到疾病,因为人和动物的许多传染病都是由细菌作祟引发,它们只是细菌的一部分,在细菌大家族中,大多数细菌不仅无害,还能给人类带来很大益处。

**1. 微生物与酿酒**

我国酿酒的历史悠久,据推算,至今至少已有四五千年的历史了。酒的种类也很多,按原料和工艺可分为白酒、黄酒、葡萄酒、啤酒等。但不论哪种酒,都是通过微生物酵母菌的发酵作用得来的。

能够酿造酒的微生物主要是酵母菌,各种名酒之所以芳香味道不同,原因就在于应用的霉菌和酵母菌种类不同。这些微生物都有自己特定的酶系统,从而也使得酿酒的工艺和成品质量大有差异。事实上,在酒的酿造过程中,由于酒精对微生物具有杀菌作用,因此酿造时酒精的含量较低,一般不会超过 15%。如果酒精的浓度再提高,酵母菌就难以生存。所以,人喝的高浓度烈酒通常是用加热的方法获得的,所以也称烧酒。酒精在 78℃ 时会变成气体跑出来,而水则要到 100℃ 才能变成气体。人类就是利用酒精和水的这个差异,将低浓度的酒加热,并控制一定的温度,让酒精跑出来而留下水,然后再将蒸发出来的酒精冷却,就得到了高浓度的酒。

**2. 酱和酱油的酿造**

酱和酱油都是我们日常饮食中常用的调味品。做酱的原料很多,因此酱的种类也很多,比如可以用豆类做成豆酱,用小麦粉做成面酱,用肉类做成肉酱,还有鱼酱、虾酱、花生酱等等。

做酱与做酒有点相似,也是要先做曲。不同的是,做曲时控制的培养条件不同,生长的微生物种类也不同,常见的有霉菌、酵母菌、乳酸菌等。而随着酱的种类的不同,在制作方法上也是各有千秋。比如做米曲酱,首先要将米洗净、浸泡、蒸熟,然后再接种霉菌。这时,米要含有一定的水分,才能令霉菌生长得好。然后,再将曲和豆混合,混合前要先将豆磨碎、浸泡、蒸熟。然后在 28℃ 条件下培养,接着升温到 35℃,再过一段时间就到了一种厌氧的环境,这时曲中的霉菌菌丝就会死亡,耐高温的酵母菌则生长起来进行发酵。发酵结束后,就成了可以食用的米曲酱。

古时候,人们在利用微生物制做酱的同时,还会从酱的上面取一些酱汁作为调味品,这就是酱油。而现代酱油的生产工艺,就是由此演变而来的。在酿造酱油的过程中,先让小麦中的淀粉被曲霉分解成糖分,再被酵母、曲霉和细菌等发酵成为酒精、有机酸和氨基酸等。此时,所生成的酒精在与有机酸结合生成酯类,这就是酱油有香味的原因。原料中的蛋白质被微生物中的蛋白酶分解后,就能生成多种氨基酸,它可以与碱类结合形成盐类,这也是酱油中香味成分的来源之一。而原料中的多糖被酵母菌、细菌发酵后,其产物再与氨基酸结合,就成了酱油的颜色。

**3. 制造面包和馒头**

面包和馒头都是用小麦磨成的面粉制成的。光有面粉是做不成面包和馒头的,还要有酵母菌参与。在制作前,先用水将面粉和酵母菌混合在一起,制成面团。随后,将面团放入一个通气的容器中,并使之保持一定的温度。这时你会发现,面团会渐渐膨胀,并变得松软,还会发出一股酸味儿。这是因为面团中的淀粉已经被谷物中的酶分解成为麦芽糖,然后进一步分解为葡萄糖。这时,酵母菌中的葡萄糖酵解系列酶会使淀粉中的一部分葡萄糖被氧化,产生二氧化碳和水,并产生热量。二氧化碳气体填充在面团中,就会使之质地松软;二氧化碳和水结合生成碳酸,使面团体积变大,并使面团发酸,产生的热量使面团发热。这时,为了不让面团发酸,可以在其中加些小苏打进行中和。经过这样处理好的面团就可以放入烤箱中了,烤出来的产品就是面包。而如果将面团放入蒸笼中蒸,蒸出来的产品就是馒头。

微生物种类繁多。迄今为止,我们所知道的微生物约有10万种,有人估计目前已知的种类只占地球上实际存在的微生物总数的20%,微生物很可能是地球上物种最多的一类。微生物资源是极其丰富的,但在人类生产和生活中仅开发利用了已发现微生物种数的1%。

微生物是自然界中最根本的生命形式,是创造和维持生命的头号功臣,但是我们对它们的了解非常有限,对它们的是非功过难以定论。

## 思考与训练

一、请例举你身边的微生物,并总结这些微生物的共同特点。

二、分析判断题(找出下列命题错误的地方,并更改为正确的命题)

1. 细菌是对人类安全健康有威胁的一类生物。

2. 显微镜是观察微生物的工具。

3. 所有的微生物都是肉眼不可见的。

4. 空气中存在大量的微生物,所以空气是微生物的大本营。

5. 人类已经可以完全控制微生物的生长与繁殖。

6. 食品工业中的发酵技术就是利用微生物的成功案例。

7. 使用放大倍数为100倍的物镜时,需要在目镜上滴一滴香柏油。

8. 海洋中存在着大量的微生物,是微生物的第二大聚居地。

9. 所有微生物的大小均用 $\mu m$ 表示。

10. 微生物生长繁殖速度惊人,比如:大肠杆菌每天分裂次数超过50次。

三、填空题

1. 微生物的特征是(　　　　　　　　)。

2. 微生物分布最多的区域是(　　　　　　　　)。

3. 肉眼可见的微生物有(　　　　　　　　)。

4. 普通光学显微镜由(　　　　　)部分组成,其中属于光学部分的是(　　　　　　)。

5. 在高倍物镜下不能直接更换载玻片的原因是(　　　　　　　　　　)。

# 项目一 食品微生物检验岗位认知

1. 知道食品微生物检验岗位职责。
2. 会根据检验目的选择检验标准。
3. 会检验样品的采集、保存、制备。

近年来,随着科技的发展和人们生活水平的不断提高,食品安全和卫生已成为人们关注的焦点,对食品微生物检验的质量提出了更高要求。由于食品的种类较为繁杂,给微生物检验工作带来了一定的难度,虽然我国有食品微生物检验的标准,在标准中详细规定了检验的方法和步骤,但检验人员工作的偏差还是有可能影响检验的质量。为保证食品微生物检验质量,必须从头开始抓起,从业人员的岗位责任意识、职业素养对有效完成检验任务、保证检验质量尤为重要。

## 任务一 明确食品微生物检验岗位职责

**任务描述** ©

1. 树立微生物检验意识。
2. 理解食品微生物检验工作的特殊性。
3. 了解微生物检验的工作内容。
4. 牢记微生物检验工作要求。

**相关知识** ©

### 一、食品微生物检验的必要性

随着人们生活水平的提高,食品安全逐渐为政府和民众所重视,在食品安全中,微生物污染造成的食品源疾病仍是世界食品安全中最突出的问题。加工食品过程中,病菌常常会随原料生产、成品的加工、包装与制品贮运进入食品中,造成食品污染,影响消费者的饮食安全。因此,食品微生物检验工作对评价食品卫生质量、保证消费者饮食卫生有着极为重要的作用。

## 二、食品微生物检验的特殊性

对食品中微生物的检验需要专门的仪器和技术设施,并由受过专门训练的工作人员负责操作进行,正是特殊的工作环境,造就了食品微生物的检验岗位的特殊性。

### (一)涉及微生物范围广,要求高

食品微生物检验范围相当广泛,大约包括以下几类:

(1)引起人、畜食物中毒的微生物及其毒素。如沙门氏菌、小肠结肠炎耶尔森菌、黄曲霉菌、副溶血性弧菌等十几种病菌。

(2)经食物传播的病原微生物。包括人类疾病的病源微生物、畜禽疾病的病源微生物、人畜共患传染病的病源微生物。这几类微生物的种类达数百种之多。

(3)食品工业微生物。如酿造、发酵、工业用霉菌、酵母菌等菌种。

除了微生物检验的范围广泛之外,食品微生物检验过程中,样品的采集也至关重要。在采集时,应对食品的原料来源、加工方法、运输、存储及销售的各个环节等在调查的基础上采集具有代表性的样品。采集过程,需做到无菌操作,采样的数量、方法应与检验目的相适应,还应兼顾采样现场的温度、湿度及卫生状况等自然条件。

### (二)受检细菌数量少,干扰性大

食品微生物检验过程中的受检菌株,主要是生产加工、贮存运输、销售等过程中因操作不当而污染的,大量存在的是非致病性微生物,而致病性微生物数量却相对较少。此外有些致病菌在热加工、冷加工过程中受到损伤,也会使受检菌株不易检出,从而给检验工作带来许多麻烦,影响检验结果的正确得出。

### (三)食品微生物检验需要准确、及时

食品在生产完成后,为了保持新鲜的程度,一般都是尽快地进入市场,转到消费者手中,这就要求检验工作尽快获得结果,这对提高产品质量、避免经济损失、保证食品食用安全起着重要作用。工厂化大规模生产的食品,每一批次数量较大,采样数量、采样方法和检验方法等都会直接影响到检验的正确性,如果检验结果不准确,将会造成严重的政治影响和经济损失。

## 三、食品微生物检验工作内容

### (一)样品接收

#### 1. 送检样品的处理

接收送检样品,就是检验工作开始之时,样品接收、交接环节是检验工作的第一环节,关系到检验工作质量和效率。

比如:为了真实地反映车间加工产品的质量情况,正确地指导车间生产。化验员到车间自取样品,保证每个车间每周1个样品,并在化验结果后备注"自取"。另外,有特殊情况可增加取样量,微生物考核时按正常样品计算,在自取样品栏里填写。

#### 2. 样品运输

送检样品运输过程中必须采用保温袋,防止温度变化;另外,运输过程中样品不要落地,防止包装袋破损污染样品。

#### 3. 样品保存

冷冻品按要求进行解冻,干燥食品可放在常温冷暗处,易腐和冷却样品应放入10℃环境。

冷冻样品来不及检验应放入−15℃以下冰箱内。

4. 样品制备

根据样品不同性状、类型的食品，进行适当处理，尽可能地保证均匀取样。或按照检测方法进行样品处理。

**(二) 样品检验前的准备**

1. 无菌间准备

无菌间是微生物检验的重要环节，关系到检验结果的准确性，无菌间的使用规范要严格要求，保证检验环境影响因素降到最低。

2. 检验器具准备

检验器具是微生物检验的一个关键控制点，检验器具的无菌是保证实验结果准确的重要因素。

比如：培养皿是否经过消毒，确认后进行外观检查，观察是否有破损，有破损则予以废弃。检验完毕后，使用的检验器具应立即清洗消毒，防止微生物增殖污染或者伤害到检验人员。所有卫生用具如拖把、扫帚、抹布、垃圾桶等都要根据污染区、清洁区、无菌区要求严格区分开、并专用，不得相互混淆，卫生用具每周定量用1∶20次氯酸钠液消毒浸泡、清洗、晾干，以免被污染。

在进行各种检验时，应避免污染；遇有场地、工作服等污染时，应立即处理，防止微生物扩散造成污染。凡吸过菌液的吸管或滴管或染菌的培养皿，应立即放入盛有消毒液的容器内或高压灭菌处理。工作人员必须每天坚持做好环境卫生工作，防止灰尘飞扬，定期对整个操作环境进行消毒。

3. 检验用菌株培养基等物品的使用

微生物检验用菌株培养基等物品是微生物检验的一个关键控制点，培养基质量是关系到检测结果准确的重要因素。

4. 灭菌锅、培养箱等设施设备的使用

灭菌锅属于高压灭菌容器，安全性和灭菌效果是控制的重点；培养箱的温度、湿度控制是微生物控制的关键点，所有的检验设施设备必须严格按照安全规范使用。

## 四、岗位职责

从事食品微生物检验的工作人员首先应身体健康，没有色觉障碍，否则无法从事涉及辨色的检验。其次，应具有相应的微生物专业教育或培训经历，具备相应的资质，能够理解并正确实施检验工作。最后，应掌握检验室生物安全操作和消毒知识，在检验过程中保持个人整洁与卫生，防止人为污染样品；遵守相关安全措施，确保自身安全。

食品微生物检验人员在具备以上条件基础上，还应遵守以下职业操守：

1. 科学求实，公平公正

在实施检验过程中必须独立、公平公正地做出判断，数据真实准确，报告规范，保证工作质量。

2. 程序规范，注重实效

按照检验工作程序和标准进行检测，对检测过程实施有效的控制和管理，提供准确可靠的检测结果。

3. 秉公检测，严守秘密

严格按照制度实施检验工作，不受外界各方面的干扰，按照相关规定保守技术秘密和商业机密。

4. 遵章守纪，廉洁自律

严格按照食品安全国家标准及其相关法律法规进行检测。坚持原则，不徇私舞弊，不谋私利。

## 五、日常工作

### (一) 文件资料及物品的管理规定

为了规范微生物检验资料管理，起到工作有秩序的目的，防止重要资料丢失。特对资料整理规定如下，希望大家严格执行，为我们创造一个良好的工作环境。

(1) 原始记录夹要有对应车间的标签，没有的可向组长索要打印一张，不要出现标签与内容不符的现象。

(2) 个人资料必须放到资料夹里，装订纸张不要遗忘在桌面。

(3) 原始记录、抽取单不要随意乱放，防止客户参观时随意翻看，泄漏客户机密，记录完毕后，要整齐放到办公室资料夹座里。

(4) 其他资料包括书籍等要放到小柜里，借阅、归还时要到资料管理员处签字，借阅的书籍也不要乱放，看完后要整齐放在办公室桌上，禁止放到检验区(可在检验区阅读)。

(5) 有单页报告单或者其他资料时，可放到插页夹里，每组一个，桌面不要遗留单页纸。

### (二) 电子文档管理

1. 建立的新表格无用处时立即删除。

2. 提供给客户的报表要存到相应的文件夹，防止文件丢失，并对提供的文件标黄底。

3. 不可随意改动报表，尤其是汇总结果时禁止在车间报表上直接改动。

4. 每月结束后，设备管理员负责进行数据拷贝留存。

## 六、树立微生物检测意识

树立正确的无菌观念和检测人员的素质，是每一个微生物检测人员应具备的素质，好的修养素质和积极的工作态度是保证结果准确的基础，增强生物安全意识，如何保护自己，如何保护样品，如何无菌操作，有责任心。

检验原理：检验原理是检验的精髓，掌握它，就能够对整个检验更好地了解深入，学习研究。

检验条件的把握：对检验的每个条件是否掌握清楚，检验的关键控制点是否清楚。

检验结果的把握：一个检验结果的出现，首先应该自我分析，并且具备这种分析能力，对异常如何处理或是进一步验证。

具备研究好学心态：检测工作是一个技术含量相对较高的职业，在科技飞速发展的今天，许多当时的先进技术不久就陈旧落后，检测工作也一样，优秀的化验员总是虚心好学，善于研究，总是处在科技的前沿，积极向上，乐于助人，对工作负责，工作第一，努力提高自己的工作质量。

## 思考与训练

一、填空题

1. 样品检验前的准备包括（          ）几个方面。

2. 样品接收包括（          ）几个方面。

3. 灭菌锅属于（    ）容器，（    ）和（    ）是控制的重点。

4. （    ）、（    ）不要随意乱放，防止客户参观时随意翻看，泄漏客户机密。

5. 在进行各种检验时，应避免（          ）；遇有场地、工作服等（          ）时，应立即处理，防止（          ）以免造成（          ）。

二、问答题

1. 食品企业对从事微生物检验的人员健康都有什么具体要求？

2. 食品微生物检验都有哪些工作内容？

3. 检验人员进入无菌室为什么不能佩戴首饰、手表等物品？

4. 检验废弃的菌株等物品应该如何处理？

5. 食品微生物检验范围包括哪几类？

# 任务二　认识食品微生物检验标准

## 任务描述

1. 理解食品标准的分类与代号。
2. 会根据检验要求选用标准。

## 相关知识

食品微生物检验是运用微生物学的理论与方法,检验食品中微生物的种类、数量、性质及其对人的健康的影响,判断食品加工环境及食品卫生情况,对微生物污染食品的程度作出正确的评价,为各项卫生管理工作提供科学依据。食品微生物检验工作实施必须依据相关食品标准。

### 一、什么是食品标准

标准是在一定范围内获得最佳秩序,经协商一致并由公认机构批准,共同使用和重复使用的一种规范性文件。按《中华人民共和国标准化法》第六条规定,食品标准有国家标准、行业标准、地方标准和企业标准四大类。按照标准的法律级别,国家标准高于行业标准,行业标准高于地方标准,地方标准高于企业标准。但标准的内容却不一定与级别一致,有时,企业标准的某些技术指标严于地方标准、行业标准和国家标准。

国家标准代号 GB,地方标准代号 DB,企业标准代号 Q/SYTR,行业标准代号根据行业不同而不同,比如:农业为 NY,水产为 SC,轻工为 QB,包装为 BB 等。标准编号由标准代号、顺序号和年号三部分组成,以国家标准为例,国家标准的编号形式有以下两种:

(1) GB **** - ****

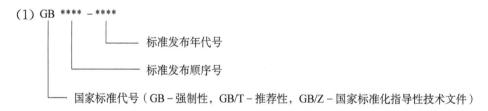

标准发布年代号
标准发布顺序号
国家标准代号（GB－强制性，GB/T－推荐性，GB/Z－国家标准化指导性技术文件）

(2) GB/T ****.1- ****

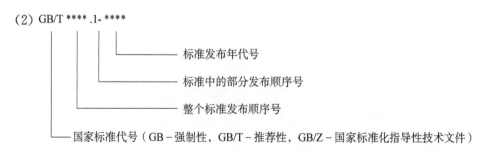

标准发布年代号
标准中的部分发布顺序号
整个标准发布顺序号
国家标准代号（GB－强制性，GB/T－推荐性，GB/Z－国家标准化指导性技术文件）

## 二、食品安全国家标准的基本内容

食品标准的主要内容为食品安全卫生要求和营养质量要求。无论国际标准,还是国家标准、行业标准、地方标准以及企业标准,主要包含卫生与安全、食品营养、食品标志、包装、运输和贮藏几方面内容。我国已制定公布了乳品安全标准、真菌毒素、农兽药残留、食品添加剂和营养强化剂使用、预包装食品标签和营养标签通则等303部食品安全国家标准,覆盖了6 000余项食品安全指标,食品微生物学检验便是其中之一。

食品安全国家标准是依据食品安全风险评估结果,并充分考虑食用农产品质量安全风险评估结果,参照相关国际标准和国际食品安全风险评估结果,广泛听取食品生产经营者和消费者的意见,经过食品安全国家标准委员会审查通过,由国务院卫生行政部门负责公布,国务院标准化行政部门提供国家标准编号。食品安全国家标准是强制性标准,应当包括下列内容:

(1) 食品、食品相关产品中的致病微生物、农药残留、兽药残留、重金属、污染物质及其他危害人体健康物质的限量标准;

(2) 食品添加剂的品种、适用范围、用量;

(3) 专供婴幼儿和其他特定人群的主辅食品的营养成分要求;

(4) 与食品安全、营养有关的标签、标识、说明书的要求;

(5) 与食品安全有关的质量要求;

(6) 食品检验方法与规程;

(7) 其他需要制定为食品安全标准的内容;

(8) 食品生产经营过程的卫生要求。

食品安全国家标准食品微生物学检验部分包括总则、细菌菌落总数、大肠菌群、霉菌和酵母菌、沙门氏菌等系列标准,共计40项。在每个标准中,界定适用范围、术语和定义、检验原理、设备和材料、检验方法等内容,不同的标准具体内容略有差异。以GB 4789.18 - 2010和GB 4789.28 - 2013这两个标准为例,前者是"乳与乳品检验"标准(见附录1),这个标准包含六项内容,分别是范围、规范性引用文本、设备和材料、采样方法、检验方案、检样的处理、检验方法。后者是"培养基和试剂的质量要求"标准(见附录2),这个标准包含七项内容,分别是范围、术语和定义、培养基及试剂质量保证、质控菌株的保藏及使用、培养基及试剂质量要求、培养基及试剂性能测试方法、测试结果的记录。这些内容是检验人员开展工作的依据。

2017年以来,国家更新发布很多微生物检验的新标准。更新的这些标准中,对适用范围、试剂和材料、检测流程、附录等均做出了部分删增和修改,力争使食品微生物学的检验方法更加科学、合理、完善。其中有的标准增加了可选方法,如GB 4789.30 - 2016《单核细胞增生李斯特氏菌检验》与2010版相比,增加了"第二法　单核细胞增生李斯特氏菌平板计数法"和"第三法　单核细胞增生李斯特氏菌MPN计数法",进一步满足了单核细胞增生李斯特氏菌的计数要求,同时方法的可操作性大大提升,有利于基础条件相对薄弱的实验室同样能够开展检测;有的标准修改后则更加严谨科学,如GB 4789.36 - 2016《大肠埃希氏菌0157H7NM检验》,与2008版相比,删除了"第二法　免疫磁珠捕获法的原理"和"第三法　全自动酶联荧光免疫分析仪筛选法"以及"第四法　全自动病原菌检测系统筛选法",这些方法都属于备选方法,经过多年检验证明其结果的准确性仍存在一些不确定因素,同时对检验仪器设备的要求也较高,因此不适宜作为国家标准方法。

### 三、食品标准的选用

微生物检验前必须清楚检验目的,严格按照规定的流程和方法进行,检验人员无权自行决定。每种指标都有一种或几种检验方法,可根据不同的食品、不同目的来选择恰当的检验方法。通常所用的常规检验方法为现行国家标准,或国际标准(如 FAO 标准、WHO 标准等),或食品进口国的标准(如美国 FDA 标准、日本厚生省标准、欧盟标准等)。产品属于强制性标准的,应选用强制性标准。产品属于非强制性标准的,应选用企业执行的推荐国家标准,行业标准或企业标准。总而言之,选择食品标准应遵循下列原则:

(1) 应选用现行有效的标准;

(2) 优先选择国家标准,其次是行业标准、地区标准或客户指定的标准;

(3) 食品微生物检验同一标准中,对定性检验,同时有几种不同的检验方法时,应以常规培养方法为基准方法;

(4) 食品微生物检验同一标准中,对定量检验,同时有几种不同的检验方法时,应以平板计数为基准方法。

**阅读下面的案例,请分析检验人员选用标准的思路。**

小孙刚毕业就被一家乳制品生产企业录用,到公司报到后,他被分配到公司食品检验科,负责产品的微生物指标检验。熟悉工作岗位后,科长布置小孙一个任务:为师傅梳理准备检验用标准。在接到任务后,小孙去找师傅,询问公司原料产地、生产产品类型、产品销售地三个问题。师傅告诉小孙,公司的原料是从内蒙购买的大包装乳粉;主要生产利乐包装的巴氏灭菌乳、酸奶和奶酪;产品在本市的大中型超市销售。如果你是小孙,接下来,如何完成科长布置的任务呢?

### 案例分析 ◎

1. 界定选用标准的范围

因为检验样品的产地在中国,销售范围在中国,所以需要使用国家标准。原卫生部于2010 年 3 月 26 日公布《生乳》(GB 19301 - 2010)等 66 项乳品安全国家标准,其中与食品微生物检验相关的标准 27 项,具体编号和名称如表 1-1:

表 1-1  乳品安全国家标准编号与名称表

| 序号 | 编号 | 名称 | 序号 | 编号 | 名称 |
|---|---|---|---|---|---|
| 1 | GB 19301 - 2010 | 生乳 | 6 | GB 13102 - 2010 | 炼乳 |
| 2 | GB 19645 - 2010 | 巴氏杀菌乳 | 7 | GB 19644 - 2010 | 乳粉 |
| 3 | GB 25190 - 2010 | 灭菌乳 | 8 | GB 11674 - 2010 | 乳清粉和乳清蛋白粉 |
| 4 | GB 25191 - 2010 | 调制乳 | 9 | GB 19646 - 2010 | 稀奶油、奶油和无水奶油 |
| 5 | GB 19302 - 2010 | 发酵乳 | 10 | GB 5420 - 2010 | 干酪 |

续表

| 序号 | 编号 | 名称 | 序号 | 编号 | 名称 |
|---|---|---|---|---|---|
| 11 | GB 25192－2010 | 再制干酪 | 20 | GB 4789.3－2016 | 大肠菌群计数 |
| 12 | GB 10765－2010 | 婴儿配方食品 | 21 | GB 4789.4－2016 | 沙门氏菌检验 |
| 13 | GB 10767－2010 | 较大婴幼儿配方食品 | 22 | GB 4789.10－2016 | 金黄色葡萄球菌检验 |
| 14 | GB 10769－2010 | 婴幼儿谷类辅助食品 | 23 | GB 4789.15－2016 | 霉菌和酵母菌计数 |
| 15 | GB 10770－2010 | 婴幼儿罐装辅助食品 | 24 | GB 4789.18－2010 | 乳与乳制品检验 |
| 16 | GB 12693－2010 | 乳制品良好生产规范 | 25 | GB 4789.30－2016 | 单核细胞增生李斯特氏菌检验 |
| 17 | GB 23790－2010 | 粉状婴幼儿配方食品 | 26 | GB 4789.35－2016 | 乳酸菌检验 |
| 18 | GB 4789.1－2016 | 总则 | 27 | GB 4789.40－2016 | 阪崎肠杆菌检验 |
| 19 | GB 4789.2－2016 | 菌落总定数测定 | | | |

### 2. 建立微生物检验标准档案

需要检验的对象为原料(乳粉),半成品和成品(巴氏灭菌乳、酸奶和奶酪),所以,需要建立四类微生物检验标准档案,分别是乳粉、巴氏灭菌乳、发酵乳、干酪检验标准档案。

在现行有效的 GB 19644－2010 乳粉标准中,规定的微生物检验指标有四个,分别是:菌落总数、大肠菌群、金黄色葡萄球菌、沙门氏菌。在现行有效的标准 GB 4789.18－2010 乳与乳制品检验标准中规定了检验样品的处理方法。所以,在原料乳粉的微生物检验标准档案中应该包含六个检验标准,且每个标准都必须是现行有效的,它们应该是:GB 19644－2010 乳粉、GB 4789.18－2010 乳与乳制品、GB 4789.2－2016 菌落总定数测定、GB 4789.3－2016 大肠菌群计数、GB 4789.4－2016 沙门氏菌检验、GB 4789.10－2016 金黄色葡萄球菌检验。

在现行有效的 GB 19645－2010 巴氏杀菌乳标准中,规定的微生物检验指标有四个,分别是:菌落总数、大肠菌群、金黄色葡萄球菌、沙门氏菌。在现行有效的标准 GB 4789.18－2010 乳与乳制品检验标准中规定了检验样品的处理方法。在现行有效的标准 GB 12693－2010 乳制品良好生产规范中规定了在生产过程中如何防止微生物污染,所以,在巴氏杀菌乳的微生物检验标准档案中应该包含七个检验标准,且每个标准都必须是现行有效的,它们应该是:GB 19645－2010 巴氏杀菌乳、GB 4789.18－2010 乳与乳制品、GB 12693－2010 乳制品良好生产规范、GB 4789.2－2016 菌落总定数测定、GB 4789.3－2016 大肠菌群计数、GB 4789.4－2016 沙门氏菌检验、GB 4789.10－2016 金黄色葡萄球菌检验。

剩余两个微生物检验标准档案分析方法同上。

微生物检验标准准备好以后,检验人员在实施检验工作前必须熟读这些标准,要知道该准备哪些适用的仪器器具、所用器具如何灭菌、样品如何制备、使用什么培养基、如何准备检验操作环境、准备怎样的培养条件,如何去观察结果以及数据处理,怎样出具检验报告。

## 思考与训练

一、请比较说明 GB 4789.1 - 2016、GB 4789.1 - 2003、GB 4789.2 - 2003 三个标准的区别与联系。

二、国产鱼罐头的食品微生物检验指标有哪些？并写出检验依据的国家标准编号与名称。

三、阅读下面的案例，请分析检验人员选用标准的思路。

如果你毕业后在一家检验机构工作，某天，你的上司让你准备接受一项微生物检验任务，这批检验对象是来自四川的冻猪肉、腊肉，产品销往西北省份，你如何为此做前期准备？

四、分析判断题（找出下列命题错误的地方，并更改为正确的命题）

1. 微生物检验人员负责决定使用标准的范围。

2. GB 4789.2 - 2010 是现行有效的大肠菌群检验标准。

3. 食品安全国家标准是微生物检验的依据。

4. GB 19301 - 2010 是推荐使用国家标准，其中 1930 代表的是标准发布的时间序号。

5. 在食品安全国家标准中，有的微生物学检验标准中的方法不止一个，使用时可选择其中一种方法实施检验。

# 任务三 采集与制备微生物检验样品

## 任务描述

1. 会样品采集与制备。
2. 会填写采样标签。

## 相关知识

微生物检验的特点之一是以小份样品的检测结果来说明一大批食品卫生质量,因此,用于分析的样品的代表性至关重要,即样品的数量、大小和性质对结果判定会产生重大影响。要保证样品的代表性首先要有一套科学的抽样方案,其次使用正确的抽样技术,并在样品的保存和运输过程中保持样品的原有状态。一般说来,进出口贸易合同对食品抽样量有明确规定的,按合同规定抽样;进出口贸易合同没有具体抽样规定的,可根据检验的目的,产品及被抽样品批的性质和分析方法的性质确定抽样方案。

样品的采集既要保证样品的代表性和一致性,又要保证整个微生物检验过程在无菌操作的条件下进行,这对取样人员和制样人员提出了很高的专业要求。微生物检验样品的采集大致分为采样、包装密封、标志、样品的运输、接收、保存几个环节。

### 一、采样与样品制备

采样是指在一定质量或数量的产品中,取一个或多个代表性样品,用于感官、微生物和理化检验的全过程。食品微生物的采样常包括以下采样点:原料、生产线(半成品、环境)、成品、库存样品、零售商店或批发市场、进口或出口口岸。

原料的采样包括食品生产所用的原始材料、添加剂、辅助材料及生产用水等。

生产线样品是指食品生产过程中不同加工环节所取的样品,包括半成品、加工台面、与被加工食品接触的仪器面以及操作器具等。对生产线样品的采集能够确定微生物污染的来源,可用于食品加工企业对产品加工过程卫生状况的了解和控制,同时能够用于特定产品生产环节关键控制点的确定和 HACCP 的验证工作。另外还可以配合生产加工,在生产前后或生产过程中对环境样品(如地面、墙壁、天花板以及空气等)取样进行检验,以检测加工环境的卫生状况。

库存样品的采样检验可以测定产品在保质期内微生物的变化情况,同时也可以间接对产品的保质期是否合理进行验证。

零售商店或批发市场的样品的检测结果,能够反映产品在流通过程中微生物的变化情况,能够对改进产品的加工工艺起到反馈作用。

进口或出口样品通常是按照进出口商所签订的合同进行采样和检测。但要特别注意的是,进出口食品的微生物指标除满足进出口合同或信用证条款的要求外,还必须符合进口国的相关法律规定,如世界上很多国家禁止含有致病菌的食品进口。

**(一)采样前的一些准备工作**

(1)干冰:制冷剂。也可以用湿冰。

（2）包装盒或制冷皿：贮藏、运输样品。

（3）灭菌容器：从塑料袋到灭菌的加仑漆桶等。

（4）取样工具：茶匙、角匙、尖嘴钳、镊子、量筒和烧杯等。

（5）灭菌手套。

（6）无菌棉拭子：一般用于拭取仪器设施和工厂环境区域检样。

（7）灭菌全包装袋：装样品用。

当样品收集时，采集时的条件例如产品的温度、地点等，连同检验样品号唛头，一并记入检验员的注释说明中。

**（二）食品检样采集的原则**

（1）根据检验目的、食品特点、批量、检验方法、微生物的危害程度等决定采样方案；

（2）应采用随机原则进行采样，确保采集的样品具有代表性；

（3）样品必须符合无菌操作的要求，防止一切外来污染，一件用具只能用于一个样品，防止交叉污染。

（4）在保存和运送过程中应保证样品中微生物的状态不发生变化，采集的非冷冻食品一般在0～5℃冷藏，不能冷藏的食品立即检验。一般在36 h内进行检验。

（5）采样标签应完整、清楚，每件样品的标签须标记清楚，尽可能提供详尽的资料。

**（三）采样方案**

一般说来，进出口贸易合同对食品抽样量有明确规定的，按合同规定抽样；无具体抽样规定的，可根据检验目的、产品及被抽样品的性质和分析方法确定抽样方案。

国际食品微生物规范委员会(International Commission on Microbiological Specifications for Foods，简称ICMSF)的采样方案是依据事先给食品进行的危害程度划分来确定的，将食品分成3种危害度：

① Ⅰ类危害，老人和婴幼儿食品及在食用前可能会增加危害的食品；

② Ⅱ类危害，立即食用的食品，在食用前危害基本不变；

③ Ⅲ类危害，食用前经加热处理，危害减小的食品。

将检验指标对食品卫生的重要程度分成一般、中等和严重3档。根据以上危害度的分类，又将取样方案分成二级法和三级法。

（1）二级法

设定采样数 n，指标值 m，超过指标值 m 的样品数为 C，只要 C>0，就判定整批产品不合格。例如，生食海产品鱼，$n=5$，$m=10^2$，$C=0$，$n=5$ 即采样 5 个，$C=0$ 即意味着在该批检样中，未见到有超过 m 值的检样，此批货物为合格品。

（2）三级法

设定采样数 n，指标值 m，附加指标值 M，介于 m 与 M 之间的样品数 C。只要有一个样品值超过 M 或 C 规定的数就判整批产品不合格。例如：冷冻生虾的细菌数标准 $n=5$，$m=10^1$，$M=10^2$，$C=3$，其意义是从一批产品中，取 5 个检样，经检验结果，允许≤3 个检样的菌数是在 m—M 值之间，如果有 3 个以上检样的菌数是在 m—M 值之间或一个检样菌数超过 M 值者，则判定该批产品为不合格品。

n：系指一批产品采样个数。

C：系指该批产品的检样菌数中，超过限量的检样数，即结果超过合格菌数限量的最大允许数。

m：系指合格菌数限量，将可接受与不可接受的数量区别开。

M：系指附加条件,判定为合格的菌数限量,表示边缘的可接受数与边缘的不可接受数之间的界限。

表1-2 采样方案表

| 采样方案 | 指标重要性 | 指标菌 | 食品危害度 | | |
|---|---|---|---|---|---|
| | | | Ⅲ | Ⅱ | Ⅰ |
| 三级法 | 一般 | 菌落总数<br>大肠菌群<br>大肠杆菌<br>金黄色葡萄球菌 | n=5<br>c=3 | n=5<br>c=2 | n=5<br>c=1 |
| 三级法 | 中等 | 金黄色葡萄球菌<br>蜡样芽孢杆菌<br>产气荚膜梭菌 | n=7<br>c=2 | n=5<br>c=1 | n=5<br>c=1 |
| 二级法 | 中等 | 沙门氏菌<br>副溶血性弧菌<br>致病性大肠杆菌 | n=5<br>c=0 | n=10<br>c=0 | n=20<br>c=0 |
| 二级法 | 严重 | 肉毒梭菌<br>霍乱弧菌<br>伤寒沙门氏菌<br>副伤寒沙门氏菌 | n=15<br>c=0 | n=30<br>c=0 | n=60<br>c=0 |

ICMSF提出的采样基本原则,是根据:①各种微生物本身对人的危害程度各有不同;②食品经不同条件处理后,其危害度变化情况:a.降低危害度;b.危害度未变;c.增加危害度,来设定抽样方案并规定其不同采样数。在中等或严重危害的情况下使用二级抽样方案,对健康危害低的则建议使用三级抽样方案。

**(四)现场采样注意事项**

确定了采样方案以后,采样方法对采样方案的有效执行和保证样品的有效性、代表性至关重要。

采样必须遵循无菌操作程序,采样工具如整套不锈钢勺子、镊子、剪刀等应当高压灭菌,防止一切可能的外来污染。容器必需清洁、干燥、防漏、广口、灭菌,大小适合盛放检样。采样全过程中,应采取必要的措施防止食品中固有微生物的数量和生长能力发生变化。确定检验批次时,应注意产品的均质性和来源,确保检样的代表性。当用自动采样器取不需要冷却的粉状或固体食品时,必须履行相应的管理办法,保证产品的代表性不被人为地破坏。

**(五)现场采样工作要求**

**1. 包装食品**

直接食用的小包装食品,尽可能取原包装,直到检验前不要开封,以防污染。对于大块的桶装或大容器包装的冷冻食品,应从几个不同部位用灭菌工具取样,使样品具有充分的代表性;在将样品送达实验室前,要始终保持样品处于冷冻状态。样品一旦融化,不可使其再冻,保持冷却即可。

**2. 液体样品**

对于桶装或大容器包装的液体食品,取样前应摇动或用灭菌棒搅拌液体,尽量使其达到均质;取样时应先将取样用具浸入液体内略加漂洗,然后取所需量的样品,装入灭菌容器的量不应超过其容量的 3/4,以便于检验前将样品摇匀;取完样品后,应用消毒的温度计插入液体内测量食品的温度,并作记录。尽可能不用水银温度计测量,以防温度计破碎后水银污染食品;如为非冷藏易腐食品,应迅速将所取样品冷却至 0～4℃。

以无菌操作开启包装,用 100 mL 无菌注射器抽取,注入无菌容器。液态产品较大的样品(100～500 mL)要放在已灭菌的容器中送往实验室,实验室在取样检测之前应将液体再彻底混匀一次。

3. 半固体样品

以无菌操作拆开包装,用无菌勺子从几个部位挖采样品,放入无菌容器。

4. 固体样品

固态样品常用的取样工具有灭菌的解剖刀、勺子、软木钻、锯子和钳子等。面粉或奶粉等易于混匀的食品,其成品质量均匀、稳定,可以抽取小样品检测(如 100 g)。但散装样品就必须从多个点取样,且每个样品都要单独处理,在检测前彻底混匀,并从中取一份样品进行检测。肉类、鱼类的食品既要在表皮取样又要在深层取样。深层取样时要小心不要被表面污染。有些食品,如鲜肉或熟肉可用灭菌的解剖刀或钳子取样;冷冻食品在未解冻的状态下可用锯子、木钻或电钻(一般斜角钻入)等获取深层取样样品;全蛋粉等粉末状样品取样时,可用灭菌的取样器斜角插入箱底,样品填满取样器后提出箱外,再用灭菌小勺从上、中、下部位取样。

每份样品应用灭菌采样器由几个不同部位采取,一起放入一个灭菌容器内。

大块整体食品应用无菌刀具和镊子从不同部位割取,割取时应兼顾表面与深部,注意样品的代表性;小块大包装食品应从不同部位的小块上切采样品,放入无菌容器。

若为检验食品的污染情况,可取表层样品;若为检验食品品质的情况,应从深部采样。

注意不要使样品过度潮湿,以防食品中固有的细菌增殖。

5. 冷冻样品

对大块冷冻食品,应从几个不同部位用灭菌工具采样,使之有充分的代表性。

大包装小块冷冻食品按小块采样;大块冷冻食品可以用无菌刀从不同部位削采样品或用无菌小手锯从冻块上部采样,也可以用无菌钻头钻取碎屑状样品,放入容器。

冷冻食品的采样还应注意检验目的,若需检验食品污染情况,可取表层样品;若需检验其品质情况,应取深部样品。

在将样品送达实验室前,要始终保持样品处于冷冻状态。样品一旦融化,不可使其再冻,保持冷却即可。

6. 生产过程中的采样

划分检验批次,应注意同批产品质量的均一性;如用固定在贮液桶或流水作业线上的取样龙头取样时,应事先将龙头消毒;当用自动取样器取不需要冷却的粉状或固定食品时,必须履行相应的管理办法,保证产品的代表性不被人为地破坏。

车间用水。自来水样从车间各水龙头上采取冷却水;汤料等从车间容器不同部位用 100 mL 无菌注射器抽取。如用固定在贮液桶或流水作业线上的采样龙头采样时,应事先将龙头消毒。

车间台面、用具及加工人员手的卫生监测。用 5 cm² 孔无菌采样板及 5 支无菌棉签擦拭 25 cm² 面积。若所采表面干燥,则用无菌稀释液润湿棉签后擦拭;若表面有水,则用干棉签擦拭,擦拭后立即将棉签头用无菌剪刀剪入盛样容器。

车间空气采样(空气沉降法)。空气的取样方法有直接沉降法和过滤法。在检验空气中细菌含量的各种沉降法中,平皿法是最早的方法之一,到目前为止,这种方法在判断空气中漂浮微生物分次自沉现象方面仍具有一定的意义。

具体做法是:将 5 个直径 90 mm 的普通营养琼脂平板分别置于车间的四角和中部,打开平皿盖,暴露采样后,盖盖送检。

设备采样使用涂抹法和贴纸法:

(1) 涂抹法(适用于表面平坦的设备和工器具产品接触面)。取经过灭菌的 50 cm² 铝片框放在需检查的部位上,用无菌棉签蘸上无菌生理盐水擦拭后放入盛样容器。

(2) 贴纸法(适用于表面不平坦的设备和工器具产品接触面)。将两张面积共 50 cm² 的无菌规格纸用无菌生理盐水泡湿后,分别贴于需测部分,后放入盛样容器。

### (六) 微生物检验样品的制备

检验室接到送检样品首先应认真核对登记,确保样品的相关信息完整并符合检验要求。其次,应按照要求尽快检验。

**1. 检验样品制备原则**

样品的全部制备过程应在无菌室内进行,开启样品容器前,先将容器表面擦干净,再用75%的酒精消毒开启部位及周围。

检验量一般为 25 mL(g),检验样品通常以 1∶10 进行稀释检验(1 份样品,9 份稀释液)。

从样品的均质到稀释和接种,相隔时间不应超过 15 min;若是冷冻样品必须事先在原容器中解冻 2~5℃不超过 18 h 或 45℃不超过 15 min。

**2. 检验样品制备的方法**

不同物理状态的样品应采取不同的制备方法,具体制备方法见表 1-3。

表 1-3 不同物理状态样品的制备方法

| 样品状态 | 制 备 方 法 |
|---|---|
| 非黏性液体 | 检验前将样品充分摇匀:盛满样品的容器,需迅速翻转 25 次;未盛满样品的容器,需在 7 s 内以 3 cm 的振幅振摇 25 次<br>直接用吸管吸取样品,加入稀释液中,摇匀。吸管插入样品的深度不要超过 2.5 cm;含有 $CO_2$ 的液体,先倒入灭菌的小瓶内,瓶口覆盖纱布,轻轻振摇,让气体全部逸出 |
| 半固体或黏性液体 | 用灭菌容器称取混匀的样品加入预热至 45℃的灭菌稀释液中,充分振摇混合 |
| 固体 | 捣碎均质法:将 100 g 或 100 g 以上样品剪碎混匀,从中取 25 g 放入带 225 mL 稀释液的无菌均质杯中 8 000~10 000 r/min 均质 1~2 min,这是对大部分食品样品都适用的方法<br>剪碎振摇法:将 100 g 或 100 g 以上样品剪碎混匀,从中取 25 g 进一步剪碎,放入带有 225 mL 稀释液和适量 45 mm 左右玻璃珠的稀释瓶中,盖紧瓶盖,用力快速振摇 50 次,振幅不小于 40 cm<br>研磨法:将 100 g 或 100 g 以上样品剪碎混匀,取 25 g 放入无菌乳钵充分研磨后再放入带有 225 mL 无菌稀释液的稀释瓶中,盖紧瓶盖后充分摇匀<br>整粒振摇法:有完整自然保护膜的颗粒状样品(如蒜瓣、青豆等)可以直接称取 25 g 整粒样品放入带 225 mL 无菌稀释液和适量玻璃珠的无菌稀释瓶中,盖紧瓶盖,用力快速振摇 50 次,振幅在 40 cm 以上。有活性杀菌性能的样品若剪碎或均质,杀菌效果将低于实际水平<br>胃蠕动均质法:这是目前比较常用的一种均质样品的方法,将一定量的样品和稀释液放入无菌均质袋中,开机均质(见图 2-2)。均质器有一个长方形金属盒,其旁安装有金属叶板,可打击塑料袋,金属 ML 板由恒速马达带动,作前后移动而撞碎样品 |

### 3. 微生物检验样品制备的设备

目前,检验室主要采用均质器(图1-1)和拍打式均质器(简称拍打器)(图1-2)将样品安全快速地制成匀浆。

均质器主要由高速电动机、调速器、玻璃容器三部分组成,电动机下端由联轴器连接不锈钢刀轴。具体使用方法分为四个步骤:

第一步:将剪碎的样品放入玻璃容器内,加入适量蒸馏水;

第二步:检查电动机转轴是否处于正常工作状态,转动轴和刀片不能与橡胶盖或玻璃容器接触;

第三步:接通电源,电动机轴和刀片转动时平稳无振动现象。每工作1~2 min,间歇5 min,使用中切勿让电动机空转,否则容易烧毁电动机,每次旋转最多不要超过5 min。严格按照设备说明书规范操作;

图1-1 均质器

第四步:工作完毕切断电源,松开转动轴连接卡口,取下玻璃容器,倒出匀浆,洗净、晾干玻璃容器和刀头。

拍打器主要由前部的混合均质拍击仓和后部的控制运动部件两部分组成,如图1-2所示。具体使用方法分为五个步骤:

第一步:将拍打器置于牢固的水平工作台上,连接好电源,打开电源开关;

第二步:将与稀释液混合的样品装入专用无菌拍打袋内,平整地放入混合箱内;

第三步:用锁紧扳手将仓门定位锁紧,电动机自动启动,若发现异常情况,请及时开启仓门,电动机自动停止工作;

图1-2 拍打式均质器

第四步:旋转拍打器后部的行程调节旋钮,设定均质行程;拍打器工作过程中,也可根据需要,调节拍打速度的快慢;

第五步:从窗口观察样品状态,待到达预定时间,取出样品。

注意:每次使用后及时清洁拍打器内外部,玻璃门应用细软的纯棉布擦拭干净,设备连续运转时间不要超过20 min。

## 二、包装密封

为保证样品的完整性,装有样品的包装物应进行封口,以证实其可靠性,即从取样地点至实验室这段时间不发生任何变化。可采用自黏胶、特制的纸黏着剂或者石蜡等封口,封口处应留有填写日期、检验人员和货主签字的地方,然后盖上专用的印章。

## 三、取样标签的填写

取样过程中应对所取样品进行及时、准确地标记。取样结束后,应由取样人写出完整的取样标签。标签内容包括编号、样品名称、生产单位、生产日期、样品批号、样品数量、存放条件、取样人、取样时间、取样地点等。标记应牢固并具防水性,确保字迹不会被擦掉或脱色。所有盛样容器必须有和样品一致的标记。在标记上应记明产品标志与号码和样品顺序号以及其他需要说明的情况。标记应牢固并具防水性,确保字迹不会被擦掉或脱色。当样品需要托运或由非专职取样人员运送时,必须封死样品容器。

表1-4 采样单示意格式

| 样品编号 | | | | | |
|---|---|---|---|---|---|
| 样品名称 | | 规格型号 | | 注册商标 | |
| 生产厂家 | | 通讯地址 | | 邮政编码 | |
| 采样地点 | | 采样日期 | | 邮政编码 | |
| 生产日期 | | 批　号 | | 产品依据标准 | |
| 有效成分含量 | | | | | |
| 检验目的 | | | | | |
| 检验项目 | | | | | |

采样人仔细阅读以下句子,然后签字。

我认真负责地填写了该样品采样单,承认以上填写的合法性,被该采集单位所证实的样品系按照采样方法取得,该样品具有代表性、真实性和公正性。

| 代表单位(章) | | 代表单位(章) | |
|---|---|---|---|
| 签　字 | | 签　字 | |
| 日　期 | 年　月　日 | 日　期 | 年　月　日 |

## 四、样品的运输

样品从采集结束至送达实验室整个过程的运输应保证样品本身变化最小及其中的微生物数量变化最低,尽量维持样品采样时的各种最初外界条件(如储存温度、是否需要冷藏或冷冻、避光等)。样品应避免破损或漏撒,产品标签应注明是否需要冰箱保存,不需要冷藏或冷冻的样品应放置于强度较高可以避免外界破坏的合适容器内。运送冷冻和易腐样品应在包装容器内加适量的冷却剂或冷冻剂,但样品不可与冷却剂或冷冻剂直接接触,保证途中样品不升温或不融化,必要时可于途中补加冷却剂或冷冻剂,若容器内需要加入冰袋来进行保温时,冰袋绝不可以直接接触样品。运送水样时应避免玻璃瓶摇动,水样溢出后又回流瓶内,从而增加污染。如不能由专人携带送样时,也可托运。托运前必须将样品包装好,应能防破损,防冻结或防易腐和冷冻样品升温或融化。在包装上应注明"防碎"、"易腐"、"冷藏"等字样。同时做好样品运送记录,写明运送条件、日期、到达地点及其他需要说明的情况,并由运送人签字。固体样品运送时,周围温度应≤40℃,冷冻或深度冷冻样品运输时,周围温度应低于−15℃,最好低于-18℃,其他非固体类样品运输时,周围温度应在1～8℃。如不能及时运送,冷冻样品应存放在-15℃以下的冰箱或冷库内;冷藏和易腐食品存放在0～4℃的冰箱或冷藏库内;其他食品可放在常温暗处。微生物检验样品应在取样后6 h以内送达实验室进行检验。

拭子取样型样品:参见ISO 18593《食品与动物饲料的微生物学 用接触板和抹布对表面取样的水平方法》和ISO 17604《食品与动物饲料的微生物学 微生物分析用胴体取样》。样品周围温度应在1～4℃,样品运输时间最好不要超过4 h。

## 五、样品的接收

在接收样品时,实验室应与送样人共同相互确认样品与委托单上的内容是否一致。确认内容一般包括:品名;检验目的;检验项目;形状和包装状况(固体、粉状、冷冻、冷藏、零售、批发、无菌包装等都不同);抽样数量(个数和质量);抽样日期及送达日期;抽样地点;随货样附带的许可申请单编号;生产国或者生产厂家名称(进口商品);抽样者的单位、姓名及有无封印;其他搬运、储存、检验时的注意事项。

如果样品性状异常或样品数量不够,实验室应拒绝接受此样品。在特殊情况下,和客户进行沟通说明达成一致意见之后,实验室才可以进行检测。在这种情况下,实验室出具的检测报告应记录样品的情况。

实验室接收的样品应建立样品档案,对样品检测的整个过程都应有相应的原始记录,样品的编号必须能追溯至实验室工作的每个环节。如果有需要的话,盛纳样品的容器的外表面应用适宜的消毒剂进行消毒,同时仔细检查容器外表面是否有明显的物理损伤。

样品档案信息应包括以下内容:

① 接收日期(如果需要更加准确,可以加上接收时间)。

② 抽样详细信息(抽样日期和时间、样品状态)。

③ 客户姓名和地址。

如果是易腐败样品,样品的标签上还应注明运输时的温度和保鲜温度。

接收完样品后应立刻检测样品,最好不要超过24 h。或者经过实验室工作人员一起商议决定检测时间。对于特别容易腐败的样品(如贝类),抽样后应在24 h内进行检测,其他易腐败样品(如鱼肉、生牛奶),检测时间应在抽样后36 h内进行。

如果上述检测时间时限因各种原因无法实现时,样品应冷冻置于-15℃以下,最好-18℃以下保存,使样品中所要检测的目标微生物尽量不要受到损害,并将这种因检测时限造成的影响降到最低。

## 六、样品的保存

实验室接到样品后应在36 h内进行检测(贝类样品通常要在6 h内检测),对不能立即进行检测的样品,要采取适当的方式保存,使样品在检测之前维持取样时的状态,即样品的检测结果能够代表整个产品。实验室应有足够和适当的样品保存设施(如冰箱或冰柜等)。保存的样品应进行必要和清晰的标记,内容包括:样品名称,样品描述,样品批号,企业名称、地址,取样人,取样时间,取样地点,取样温度(必要时),测试目的等;样品在保存过程中应保持密封性,防止引起样品pH的变化。不同类型的样品,保存方法不同:

1. 易腐样品:要用保温箱或采取必要的措施使样品处于低温状态(0～4℃),应在取样后尽快送至实验室,并保证样品送至实验室时不变质。易腐的非冷冻食品检测前不应冷冻保存(除非不能及时检测)。如需要短时间保存,应在 0~4℃冷藏保存,但应尽快检验(一般不应超过 36 h),因为保存时间过长会造成样品中嗜冷细菌的生长和嗜中温细菌的死亡。

2. 冷冻样品:要用保温箱或采取必要的措施使样品处于冷冻状态,送至实验室前样品不能融解、变质。冰冻样品要密闭后置于冷冻冰箱(通常为 -18℃),检测前要始终保持冷冻状态,防止样品暴露在二氧化碳气体中。

3. 其他样品:应用塑料袋或类似的材料密封保存,注意不能使其吸潮或散失水分,并要保证从取样到实验室进行检验的过程中其品质不变。必要时可使用冷藏设备。

4. 拭子取样型样品:参见 ISO 18593《食品与动物饲料的微生物学 用接触板和抹布对表面取样的水平方法》和 ISO 17604《食品与动物饲料的微生物学 微生物分析用胴体取样》。样品周围温度应在 1~4℃。实验室应尽快进行检测,时间不要超过 24 h。

## 思考与训练

一、填空题

1. 空气的取样方法有( )和( )。

2. 取样标签内容包括( )、样品名称、( )、( )、( )、样品数量、存放条件、取样人、取样时间、取样地点等。

3. 采样必须遵循( )程序,采样工具应当( ),防止一切可能的外来污染。

4. 微生物检验样品的采集大致分为( )、( )、( )、( )、接收、保存几个环节。

5. 在将冷冻样品送达实验室前,要始终保持样品处于( )状态。

二、简答题

1. 在微生物检验中,检验前要做好哪些准备工作?

2. 在微生物检验中,采样时要遵守哪些要求?

3. 在微生物检验中,样品的送检有哪些要求?

4. 在微生物检验中,如何进行样品的保留?

5. 列举微生物检验的采样点。

三、论述题

解释 ICMSF 检验方案的含义。

## 项目二 无菌技术

**学习目标**

1. 知通无菌技术对人员、环境、器具和物品的要求。
2. 能按操作规程使用无菌室、进行无菌室的清洁与安全管理。
3. 会描述消毒与灭菌的方法、常用试剂、影响因素。
4. 能按操作规程使用灭菌设备、进行灭菌设备的日常维护与保养。

无菌技术是在无菌环境条件下,使用无菌器材进行检验过程中,防止微生物污染和干扰的一种操作技术和管理方法。

无菌技术包括无菌环境、无菌器材和无菌操作三方面内容。

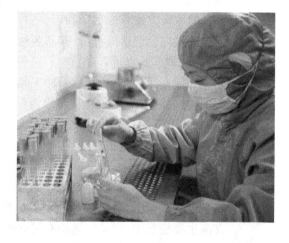

无菌环境,是指人们利用物理的方法或化学的方法,在某一可控制空间内使微生物数量降低至最低限度,接近于无菌的一种空间。而无菌室、超净工作台、生物安全柜就可满足这样的条件。

微生物检验和实验用无菌器材可分为两类:一是灭菌器材:凡是检验中使用的器材,能灭菌处理的必须灭菌,如玻璃器皿(包括注射器、吸管、滴管、三角瓶、试管等)、培养基、稀释剂、无菌衣、口罩、胶管、乳胶头。金属器材(如外科刀、剪、镊子、针头等),凡能包裹的,应先用包装纸包裹后,再进行灭菌。二是器材消毒:凡检验用器材无法灭菌处理的,使用前必须经消毒处理,例如无菌室内的桌凳、试管架、天平、工作服等,这些虽然无法灭菌,但是可以消毒。消毒可用化学药品熏蒸、喷洒或擦拭。

无菌操作的目的,一是保持待检物品不被环境中微生物所污染;二是防止被检微生物在操作中污染环境和感染操作人员,因而无菌操作在一定意义上讲又是安全操作。

人工创造的无菌环境条件只是相对而言,不可能保证环境的绝对无菌,因此,在检验过程中必须保证不被其他微生物污染,关键是要严格进行正确的无菌操作,熟练地掌握各种无菌操作技术。

# 任务一  认识无菌环境

## 任务描述

1. 识记无菌室的布局结构。
2. 会使用、清洁、消毒无菌室。
3. 会选择超净工作台与生物安全柜。

## 相关知识

### 一、什么是无菌室？

无菌室是实施无菌技术的重要设施,通常用板材和玻璃建造,面积一般不超过 10 m²,不小于 5 m²;高度不超过 2.4 m,面向室外的窗户应采用双层玻璃。由 1～2 个缓冲间、操作间组成,操作间和缓冲间之间应具备灭菌功能的样品传递窗。缓冲间的门和无菌室的门不要朝向同一方向,以免气流带进杂菌。无菌室和缓冲间都必须密闭(如图 2-1、图 2-2 所示)。在缓冲间内应有洗手盆、毛巾、无菌衣裤放置架及挂钩、拖鞋等,不应放置培养箱和其他杂物;无菌室内应六面光滑平整,能耐受清洗消毒。墙壁与地面、天花板连接处应呈凹弧形,无缝隙,不留死角。操作间内不应安装下水道。

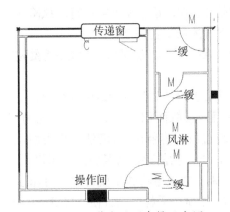

图 2-1  无菌室平面布局示意图

图 2-2  无菌室入口与传递窗示意图

无菌室应具有空气除菌过滤的单向流空气装置,操作间洁净度 100 级或放置同等级别的超净工作台,用于致病菌检验时,需放置生物安全柜。具备通风和温度调节的条件,无菌室推荐室内温度为 20～25℃,相对湿度 40%～60%,应有温湿计(精度为 1℃)。

缓冲间及操作间内均应设置能达到空气消毒效果的紫外灯或其他适宜的消毒装置,空气洁净级别不同的相邻房间之间的静压差应大于 5 Pa,洁净室(区)与室外大气的静压差大于 10 Pa。无菌室内的照明灯应嵌装在天花板内,室内光照应分布均匀,光照度不低于 300 lx。缓冲间和操作间所设置的紫外线杀菌灯($2\sim2.5$ W/m$^3$),应定期检查辐射强度,要求在操作面上达 $40\ \mu$W/m$^2$。不符合要求的紫外线杀菌灯应及时更换。

## 二、无菌环境监控和检测

微生物检测人员每天都需要在无菌室工作,在超净工作台或者生物安全柜里操作,为了保证检测的准确性,无菌室以及工作台必须符合要求,常用以下方法验证环境中无菌效果。

### (一)紫外灯杀菌效果检查

紫外灯在使用过程中辐射强度会逐渐降低,影响其杀菌效果,故应该定期检查。紫外灯的杀菌有效波长是 253.7 nm,其强度可以用中心波长 254 nm 的紫外线强度计测定。在没有紫外线强度计的情况下可以采用生物学测试法替代。

1. 生物学测试步骤

选用枯草芽孢杆菌 ATCC 9372,制成 $10^6\sim10^8$ CFU/mL 浓度的菌悬液;选用经脱脂处理的 0.5 cm×1.0 cm 大小的布片或铝片,高压灭菌后用作载体;每个载体上滴一滴制备好的菌悬液,干燥后备用;将 8 个染菌载体放于无菌器皿中,置于紫外灯下 $1\sim1.5$ m 处,开启紫外灯照射,于 0.5 h、1 h、1.5 h 和 2 h 各取出 2 个染菌载体,分别投入盛有 5 mL 缓冲蛋白胨水的洗脱液;系列稀释后进行平板计数;同法取 8 个染菌载体用做阳性对照,操作除不经紫外照射外与试验组相同。

2. 杀灭率

杀灭率=(阳性对照回收菌数-试验组回收菌数)/阳性对照回收菌数×100%

杀灭率大于 99.9% 时,认为紫外灯杀菌效果合格。

### (二)无菌室空气质量检查

无菌室空气质量检查应按照采样计划,根据情况对处于空态、静态和正常运行的风险区,使用适当的仪器采集空气中微生物,测定并监控风险区空气的微生物污染。

无菌室空气的采样方法与项目五任务三"认识食品加工环节采样方法"类似,在此不再赘述。

### (三)无菌室物体表面微生物污染检查

表面微生物污染的检查需要使用接触器或拭子,获得某表面某时间点的微生物数量。

接触器以容器内已知面积的固态培养介质与表面接触,接触面积应大于 20 cm$^2$,均匀用力将整个营养介质压住表面几秒钟,不得移动。然后将装置放回容器内,再清洁采样表面,清除残留营养物。接触器培养后显现的菌落可以给出原表面微生物的存活状况的镜像"图"。

使用拭子更为简单和灵活,用拭子擦拭某个表面,它抹去的微生物数量就可以计算出了。对接触装置触及不到的、不平或有凹陷的非吸收性大表面,用拭子采样特别方便。棉拭子的操作方法如下:

准备材料包括自制无菌棉拭子或购买商品化的无菌棉拭子、内径 10 cm×10 cm 无菌规格板、无菌生理盐水、培养基平皿。

如果取样物体是平面的,将无菌规格板放在物体表面,用浸湿的无菌棉拭子在无菌规格板空心处横竖涂抹均匀,涂抹时随之转动棉拭子,剪去棉拭子与手接触部分,将棉拭子放入装有一定体积的无菌生理盐水中待检。

将采样管敲打 80 次以上使棉拭子上的细菌充分扩散,做适当稀释,进行平板计数,37℃培养 48 h 计数。

细菌总数(CFU/cm²)＝(平皿上菌落平均数×稀释倍数)/采样面积(cm²)

**(四) 人员接触面无菌检查**

被检人员洗手消毒后,五指并拢。将浸泡过的棉拭子沿双手指屈从指根到指端往返涂擦两次,涂擦的同时转动棉拭子。剪去操作者手接触部位,将棉拭子放入装有一定体积的无菌室生理盐水中待检。按"无菌室物体表面细菌污染检查"的方法进行样品处理。

## 三、无菌室使用要求

### (一) 无菌室的使用管理

微生物检测检验室都要建立使用登记制度。在登记册中可设置以下项目内容:如使用日期、时间、使用人、设备运行状况、温度、湿度、洁净度状态(沉降菌数、漂浮菌数、尘埃粒子数)、报修原因、报修结果、清洁工作(台面、地面、墙面、天花板、传递窗、门把手)、消毒液名称等。

### (二) 使用前准备工作

(1) 先进行无菌室空间的消毒,开启紫外灯 30～60 min,关闭紫外灯 30 min 后方可进入。紫外灯管每隔两周需用酒精棉球擦拭,清洁灯管表面,以免影响紫外灯的穿透力。

(2) 检验用的有关器材,如天平、恒温振荡仪、均质器、酒精灯、专用开瓶器、金属匙、镊子、剪刀、接种针、接种环等,搬入无菌室前必须分别进行灭菌消毒。

(3) 操作人员进入无菌室不得化妆、戴手表、戒指等首饰;不得吃东西、嚼口香糖。应清洁手后进入第一缓冲间更衣,同时换上消毒隔离拖鞋,脱去外衣,用消毒液消毒双手后戴上无菌手套,换上无菌连衣帽(不得让头发、衣服等暴露在外面),戴上无菌口罩。然后,换或是再戴上第二副无菌手套,在进入第二缓冲间时换第二双消毒隔离拖鞋。再经风淋室 30 s 风淋后进入无菌室。

(4) 观察温度计、湿度计上显示的温湿度是否在规定的范围内,并作为实验原始数据记录在案。如发现问题应及时寻找原因,及时报修和及时报告实验室主管,并将报修原因和结果记录归档。

(5) 每次使用无菌室前,对操作间或超净台(生物安全柜)做微生物沉降菌落计数,将结果记录在使用登记本上,并作为检验环境原始数据记录在检验报告上。每周 1 次,或在无菌检查等必要时计数与记录。

(6) 无菌室每周和每次操作前用 0.1%新洁尔灭或 2%甲酚液或其他适宜消毒液擦拭操作台及可能污染的死角,方法是用无菌纱布浸渍消毒溶液清洁超净台的整个内表面、顶面及无菌室、人流、物流、缓冲间的地板、传递窗、门把手。清洁消毒程序应从内向外,从高洁净区到低洁净区,逐步向外退出洁净区域。然后开启无菌空气过滤器及紫外灯杀菌 1～2 h,以杀灭存留微生物。

(7) 如遇停电,应立即停止检验,离开无菌室。关闭所有电闸。重新进入无菌室前至少开启通风运转 1 h 以上。

### (三) 操作过程注意事项

(1) 动作要轻,不能太快,以免搅动空气增加污染;玻璃器皿也应轻取轻放,以免破损污染环境。

(2) 操作应在近火焰区进行,接种微生物活样品时,吸管从包装中取出后及打开试管塞都要通过火焰消毒;接种环和接种针在接种微生物前应经火焰烧灼全部金属丝,必要时还要烧到接种针和接种环与杆的连接处,接种结核菌和烈性菌的接种环应在沸水中煮沸 5 min,再经火焰灼烧。

(3)接种环、接种针等金属器材使用前后均需灼烧,灼烧时先通过内焰,使残物烘干后再灼烧灭菌。进行接种所用的吸管、平皿及培养基等必须经消毒灭菌,打开包装未使用完的器皿,不能放置后再使用。

(4)从包装中取出吸管时,吸管尖部不能触及试管或平皿边。使用吸管时,切勿用嘴直接吸、吹吸管,而必须用洗耳球操作。

(5)观察平板时不好开盖,如欲蘸取菌落检查时,必需靠近火焰区操作,平皿盖也不能大开,而是上下盖适当开缝。

(6)进行可疑致病菌涂片染色时,应使用夹子夹持玻片,切勿用手直接拿玻片,以免造成污染,用过的玻片也应置于消毒液中浸泡消毒,然后再洗涤。

(7)工作结束,收拾好工作台上的样品及器材,最后用 0.1% 新洁尔灭或 2% 甲酚液或其他适宜消毒液擦拭工作台面,除去室内湿气,用紫外灯杀菌 30 min。

## 四、超净工作台

超净工作台是一种局部层流装置,能在局部形成高洁度的工作环境。它由工作台、过滤器、风机、静压箱和支撑体等组成,采用过滤空气使工作台操作区达到净化除菌的目的,如图 2-3。室内空气经预过滤器和高效过滤除尘后以垂直或水平层流状态通过工作台的操作区,由于空气没有涡流,所以,任何一点灰尘或附着在灰尘上的杂菌都能被排除,不易向别处扩散和转移。因此,可使操作区保持无菌状态。

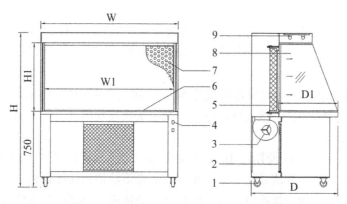

图 2-3　超净工作台结构图

说明:
1. 带刹脚轮　　2. 初效过滤器　　3. 离心风机
4. 控制开关　　5. 高效过滤器　　6. 不锈钢台面
7. 网孔散流板　8. 玻璃　　　　　9. 日光灯

当前无菌室多存在于微生物工厂,一般实验室则使用超净台。与无菌室比较,使用净化工作台具有工作条件好、操作方便、无菌效果可靠、无消毒药剂对人体危害、占用面积小且可移动等优点。如果放在无菌室内使用,无菌效果更好。其缺点是价格昂贵,预过滤器和高效过滤器还需要定期清洗和更换。

### 五、生物安全柜

生物安全柜是为操作原代培养物、菌毒株以及诊断性标本等具有感染性的实验材料时,用来保护操作者本人、实验室环境以及实验材料,使其避免暴露于上述操作过程中可能产生的感染性气溶胶和溅出物而设计的,结构见图2-4。

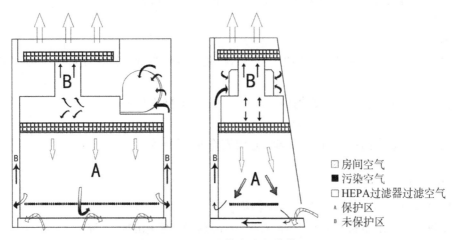

图 2-4　生物安全柜结构

生物安全柜可以有效减少由于气溶胶暴露所造成的实验室感染以及培养物交叉污染,同时也能保护工作环境。

根据生物安全防护水平的差异,生物安全柜可分为一级、二级和三级三种类型。

一级生物安全柜可保护工作人员和环境而不保护样品,目前已较少使用。

二级生物安全柜是目前应用最为广泛,可提供工作人员、环境和产品的保护。

三级生物安全柜是为生物安全防护等级为4级的实验室而设计,柜体完全气密,工作人员通过连接在柜体的手套进行操作,俗称手套箱,受试样品通过双门的传递箱进出安全柜以确保不受污染,适用于高风险的生物试验。

注意:需要明确生物安全柜与超净工作台的区分。超净工作台不属于生物安全柜,也不能应用于生物安全操作。生物安全柜是往里面吸空气,是一种负压的净化工作台,正确操作生物安全柜,能够完全保护工作人员、受试样品并防止交叉污染的发生,防止生物病菌或试剂溅出安全柜污染实验室和实验员,主要用来保护人体。而超净工作台是往外吹风,不考虑实验室和实验员,只是保护操作对象而不保护工作人员和实验室环境的洁净工作台。因此,在微生物学和生物医学的科研、教学、临床检验和生产中,应该选择和使用生物安全柜,而不能够选择和使用超净工作台。

◇◇◇◇◇◇◇◇◇◇◇◇ **思考与训练** ◇◇◇◇◇◇◇◇◇◇◇◇

一、判断题(下列判断正确的打√,错误的打×并说明判断依据)

1. 无菌环境就是无菌室。　　　　　　　　　　　　　　　　　　　　　　　　(　　)

2. 超净工作台与生物安全柜工作原理一致。　　　　　　　　　　　　　　　　(　　)

3. 无菌室可用紫外灯进行空气灭菌。 （    ）

4. 超净工作台使用完毕需用蒸馏水擦拭干净。 （    ）

5. 检验人员进入无菌室需要佩戴手表观察时间。 （    ）

6. 无菌室应经过 10 min 以上紫外灯照射,关闭 10 min 后方可进入。 （    ）

7. 无菌室操作间和缓冲间的门不应直对。 （    ）

8. 一级生物安全柜可保护工作人员和环境而不保护样品。 （    ）

二、填空题

1. 无菌技术包含（                    ）三个方面。

2. 无菌室使用前需用紫外灯照射（    ）,检验人员需在紫外灯关闭（    ）方可进入无菌室操作。

3. 进行致病菌检验时,需要使用（            ）完成操作任务。

4. 无菌室由（            ）组成。

5. 根据生物安全防护水平的差异,生物安全柜可分为（                    ）三种类型。

三、问答题

1. 如何进行无菌室物体表面微生物污染检查?

2. 无菌室空气质量检查有哪几种方法? 食品检验中常用的是哪种?

3. 如果你从事致病菌检验,你如何选择无菌环境? 请说明理由。

4. 进入无菌室前要做好哪些准备工作?

# 任务二　灭菌和消毒

## 任务描述

1. 了解常用灭菌和消毒方法。
2. 会使用和维护灭菌设备。

## 相关知识

### 一、消毒与灭菌

从事食品检验的人员必需了解消毒与灭菌的方法及其意义,严格遵守操作规程,否则会影响产品质量,造成食品安全隐患。

无菌——不存在活的生物。"无菌"从定义上来说是一个绝对的概念,即使是在科学和技术高度发展的今天,药品或食品的绝对无菌既做不到,也无法加以证实。然而,无菌制剂的安全性要求人们设定无菌的相对标准。

消毒——用物理或化学方法杀灭或清除传播媒介上的病原微生物,使其达到无害化。通常是指杀死病原微生物的繁殖体,但不能破坏其芽孢。所以消毒是不彻底的,不能代替灭菌。

灭菌——使达到无菌状态的方法,用物理或化学方法杀灭传播媒介上所有的微生物,使其达到无菌。通常是指杀灭或除去全部活的微生物(包括繁殖体和芽孢)。

### 二、常用的消毒方法

消毒的方法很多,可归纳为化学消毒法与物理消毒法两大类。化学消毒法是将特定化学物质溶解于溶剂,制成消毒剂实现消毒作用,实验室常用的消毒剂见表 2-1。物理消毒法是应用热、光波、电子流等来实现消毒作用,常用的物理消毒法有加热消毒、紫外线消毒、辐射消毒、高压静电消毒以及微电解消毒等方法。

表 2-1　实验室中常用的消毒剂

| 消毒剂 | 常　用　量 | 用　　途 |
|---|---|---|
| 乙醇 | ① 70%~75% 水溶液<br>② 0.5% 氯己定溶于 70% 乙醇,再加入 2% 甘油 | 用于皮肤、器具等消毒<br>供洗手用消毒 |
| 异丙醇 | 75% 水溶液 | 用于皮肤、器具等消毒 |
| 甲醛 | 37%~40% 甲醛液 8~9 mL,再加入 4~5 g 高锰酸钾 | 每 $m^3$ 熏蒸量,密闭 12~24 h。刺激性强 |
| 戊二醛 | 2% 水溶液 | 用于空气、器具等消毒。广谱、高效、低毒,可杀芽孢和病毒。刺激性较轻 |

续表

| 消毒剂 | 常 用 量 | 用 途 |
|---|---|---|
| 新洁尔灭（苯扎溴铵） | 0.1%水溶液 | 用于皮肤、黏膜、器具等消毒,有清洁和消毒双重功效。抗菌谱较窄 |
| 杜灭芬（消毒宁） | 0.05%~0.1%水溶液 | 用于皮肤、器具等消毒 |
| 过氧乙酸 | ① 0.2%~0.5%水溶液<br>② 新配0.5%水溶液<br>③ 1 g/m³ | 用于器具等消毒抗菌谱广,可用于皮肤消毒<br>杀灭某些病毒<br>熏蒸但性质不稳定 |
| 乳酸 | ① 0.33~1 mol/L<br>② 1~1.5 mL/m³ 熏蒸或与等量苯酚合用熏蒸 | 喷雾,用于空气消毒,有强杀菌作用<br>熏蒸,密闭12 h以上 |
| 麝香草酚 | 5%麝香草酚溶于50%乙醇 | 喷洒墙面、地面,杀霉菌 |

### 三、常用的灭菌方法

微生物检测用的玻璃器皿、金属用具及培养基、被污染和接种的培养物等,必须经灭菌后方能使用。

**（一）干热灭菌法**

常见的有火焰、烧灼、干烤和红外线灭菌等。

（1）火焰、烧灼:通常用于实验室无菌操作中金属或其他耐火材料制成的器具的灭菌。

（2）干烤和红外线:利用干热空气或热辐射进行灭菌。

一般135~145℃需3~5 h,160~170℃需2 h以上,170~180℃需1 h以上,180~200℃需0.5~1 h。除热原则需250℃ 30 min或200℃ 45 min,180℃ 2 h。空气传热慢,穿透力不强,故干热灭菌时间长。干热灭菌时干燥箱内装入物品应留有空隙,以利空气流动,否则使箱内温度不均,部分物品灭菌不彻底。

**（二）湿热灭菌法**

通过热蒸汽或沸水使蛋白质变性而杀灭微生物的方法,湿热穿透力强,灭菌效果较干热灭菌法好。

（1）煮沸或流通蒸汽灭菌:常压下沸水和蒸汽的温度是100℃,一般处理30~60 min可杀死细菌繁殖体,但不能完全杀灭芽孢。此法适用于不能高压蒸汽灭菌的物品。

（2）巴斯德消毒法:某些物质在高温下易被破坏,巴斯德提出把液体物质在较低的温度下消毒,这样既可以杀死液体中致病菌的繁殖体,又不破坏液体物质中原有的营养成分。牛奶或酒类常用此法灭菌。典型的温度组合有两种:一种是61.1~62.8℃,30 min,另一种是72℃,15~30 s,现多用后一种。

（3）间歇灭菌方法:灭菌方法系利用不加压力的蒸气灭菌,某些物质经高压蒸气灭菌容易破坏,可用此法灭菌。将欲灭菌物品置于锅内,盖上顶盖,打开排水口,使器内余水排尽。关闭排水口,打开进气门,根据需要消毒10~20 min。灭菌完毕关闭进气门,取出物品待冷至室温,放入37℃温箱过夜,次日仍按上述方法消毒,如此三次,即可达到灭菌目的。

(4)高压蒸汽灭菌:超过一个大气压时,水的沸点高于100℃,反之亦然。高压蒸汽灭菌就是通过加压提高蒸汽温度,灭菌效果最好。它简便、经济、可靠、无毒,是最可靠、应用最广泛的灭菌法。此法适用于耐高温和潮湿的物品。常用条件为:115.5℃,30 min;121.5℃,20 min;126.5℃,15 min。

注意事项:

① 必须完全排出灭菌器内的空气。否则会影响灭菌器内温度达到规定的要求。

② 灭菌物品的温度。灭菌器内温度与被灭菌物品的温度一般是一致的,但在蒸汽输入过快时,后者可能低于前者,所以升温时要有一定的预热时间。另外,降温过快易引起玻璃炸裂。因此,对于一种灭菌产品,应制定一固定的灭菌曲线。

③ 定期检查灭菌器内温度的准确性。

### (三)化学灭菌法

利用化学试剂形成的气体来杀灭微生物的方法。常用的灭菌剂为环氧乙烷(又称氧化乙烯)。环氧乙烷是广谱杀菌剂,能杀灭细菌、芽孢和多种病毒,还能杀死昆虫及虫卵。但由于环氧乙烷易燃易爆且有毒(有致变异性),用于药品方面极有限,多用于医疗器械、塑料制品等灭菌。(不能用于橡胶和乳胶手套,能将其溶解。)

### (四)过滤除菌法

利用细菌不能通过致密具孔滤材的原理,除去对热不稳定的药品溶液或液体物质中的细菌的方法。过滤法一般只能除菌,不能除去支原体和病毒。过滤除菌的效果与滤膜的性能、孔径的大小、密度、滤膜的厚度等因素有关。

### (五)辐射灭菌法

辐射有两种类型:一种是电磁波辐射,如紫外线、红外线、微波;一种是电离辐射,如可引起被照射物电离的X射线、γ射线。紫外线的穿透力很弱,不能穿透一般包装材料,如玻璃、塑料薄膜、纸等,它主要用于空气和物体表面消毒。紫外线对眼、皮肤有损伤作用,工作人员应注意防护。γ射线对人体细胞同样有害,$^{60}$Co辐射用于食品和药品都应经过安全试验,进行科学的、全面的评价,高剂量的辐射药品更应慎重。

## 四、微生物检验常用灭菌设备

### (一)电热恒温干燥箱

1. 电热恒温干燥箱构造

电热恒温干燥箱是由双层铁板制成的方形金属箱,外壁内层装有隔热的石棉板。箱底或在箱壁中装置电热线圈。内壁上有数个孔,供流通空气用。箱前有钢化双层玻璃门,外侧有耐高温防烫门把手。箱内有特殊工艺冲压而成的铝隔板。箱的前上方装有液晶温控器,可以保持所需的温度。具体见图2-5电热恒温干燥箱结构示意图。

2. 电热恒温干燥箱使用方法

将洗净的培养皿、吸管、试管等玻璃器材包装后放入箱内,闭门加热。当温度上升至160~170℃时,保持温度2 h,到达时间后,停止加热,待温度自然下降至40℃以下,方可开门取物,否则冷空气突然进入,易引起玻璃炸裂;且热空气外溢,往往会灼伤取物者的皮肤。一般吸管、试管、培养皿等均可用本法灭菌。

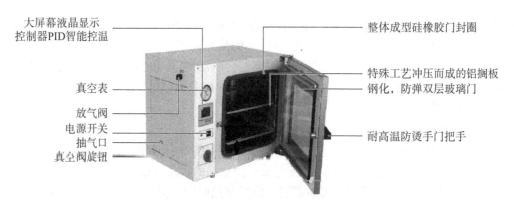

图 2-5　电热恒温干燥箱结构示意图

### 3. 电热恒温干燥箱使用注意事项

对于易燃、易爆等危险品及能产生腐蚀性气体的物质,不能放在恒温干燥箱内加热烘干。

被烘干的物质不应撒落在箱内,防止腐蚀内壁及搁板。在使用过程中要经常检查箱内的温度是否在规定的范围内,温度控制是否良好,发现问题应及时检修。在使用过程中如出现异常、气味、烟雾等情况,应立即关闭电源,请专业人员查看并检修。每台电热恒温干燥箱均附有样品搁板两块。每块搁板平均负荷为 15 kg,放置样品时切勿过密与超载,以免影响热空气对流。不能将样品放在工作室底部散热板上,以防过热而损坏样品。每次使用完后,应将电源全部切断,经常保持箱内外清洁。电热恒温干燥箱长期不用时,应拔掉电源线。并定期(一般一季度)按使用条件运行 2~3 d,以驱除电气部分的潮气,避免损坏有关器件。真空干燥箱使用前,应开启抽气电磁阀,打开真空泵电源开关,真空箱即开始抽真空;使用后取出已干燥的物品时,先打开放气阀,逐渐放入空气以便开启箱门,防止压力表受冲击破坏。

### (二) 高压蒸汽灭菌器

高压蒸汽灭菌采用高温、高压的条件下,封闭的灭菌器内水的沸点不断提高,从而容器内温度也随之增加。在 0.1 MPa 的压力下,121℃蒸汽温度下,不仅可杀死一般的细菌、真菌等微生物,对芽孢、孢子也有杀灭效果,是最可靠、应用最普遍的微生物检验灭菌设备。主要用于能耐高温的物品,如培养基、金属器械、玻璃器皿、搪瓷、敷料、橡胶及一些药物的灭菌。高压蒸汽灭菌器的分类,按照样式大小分为手提式高压蒸汽灭菌器、立式高压蒸汽灭菌器、卧式高压蒸汽灭菌器等。

手提式　　　　　　　　立式　　　　　　　　卧式

图 2-6　高压蒸汽灭菌器

### 1. 高压灭菌器的构造

以立式高压蒸汽灭菌器为例(见图 2-7),主体选用不锈钢材料,上部装有安全阀、放气阀。安全阀压力超过 0.14 MPa 后能自动起跳,释放过高的压力。锅体装有压力控制器,当锅内压力超过 0.17 MPa 时,控制器自动切断加热电源确保安全。底部装有下排气阀,灭菌结束时使用下排气阀可使灭菌物品干燥更彻底。金属圆筒分为两层,隔层内盛水,有盖,可以旋紧,加热后产生蒸汽。锅外有压力表,当蒸汽压力升高时,温度也随之升高。

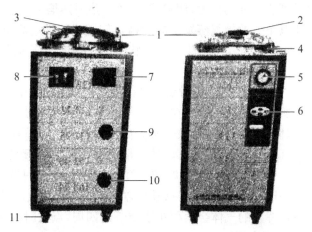

图 2-7　立式高压蒸汽灭菌器构造示意图

1-调紧螺栓　2-盖把手　3-锅盖　4-锅底　5-压力表　6-控制面板
7-加水阀　8-安全阀　9-水阀门　10-排气放水阀　11-脚轮

### 2. 高压蒸汽灭菌器的使用方法

加水:在灭菌锅主体内加水至水位线。

装锅:将欲灭菌的物品包好后,放入灭菌桶内(灭菌物不能装得过满,以免影响灭菌效果),盖好锅盖,将螺旋柄拧紧(对角式均匀拧紧),打开排气阀。

启动:开启电源或蒸汽阀。

排放冷空气:锅内水沸腾后,蒸汽逐渐驱赶锅内冷空气,当温度计指针指向100℃时,证明锅内已充满蒸汽,冷空气被驱尽,此时,关闭排气阀。如果没有温度计,则在持续排气 5 min 之后,排气阀排出蒸汽相当猛烈时关闭排气阀。

升压、保压与灭菌:关闭排气阀以后,锅内成为密闭系统,蒸汽压不断上升,压力计和温度计的指针也随之上升,当压力达到 0.1 MPa、温度为121℃时,开始灭菌计时控制热源,保持压力为 0.1 MPa、温度为121℃的状态 30 min 即完成灭菌。灭菌的压力和时间的选择,视具体灭菌物品而定。

### 3. 高压蒸汽灭菌器的使用注意事项

无菌包不宜过大(小于 50 cm×30 cm×30 cm),不宜过紧。各包裹间要有蒸汽能对流,易传递到包裹中央。锅内的冷空气必须排尽,否则易形成"冷点"减弱灭菌效果。灭菌前,打开储槽或盒的通气孔,有利于蒸汽流通。而且排气时使蒸汽排出,以保持物品干燥。灭菌完毕,关闭储槽或盒的通气孔,以保持物品的无菌状态。布类物品应放在金属包装材料内,否则蒸汽遇冷凝聚成水珠,使包布受潮阻碍蒸汽进入包裹中央,严重影响灭菌效果。定期检查灭菌效果。经高压蒸汽灭菌的无菌包、无菌容器有效期以 1 周为宜。

### 五、火焰加热灭菌装置

实验室中常用到的火焰加热或灼烧灭菌装置有酒精灯、本生灯和电子式火焰灭菌器。

#### (一) 酒精灯

酒精灯是目前实验室常用的低中温加热及灼烧灭菌工具。

(1) 正常情况下,酒精灯是酒精的气体在燃烧,故灯芯通常不会消耗太快,若是发现灯芯消耗太快就要调整灯芯裸露在外的长度,使它缩短;因燃烧时热焰会往上升,灯芯过长时,灯芯套管内棉线因受到位于其下方的棉线蒸发出的酒精蒸气燃烧的火焰高温的影响而被点燃;另外酒精灯的灯芯过长时燃烧的火焰会产生黄火的状况,易在被灼烧物的外壁沉积玄色的碳灰,且焰温也会降低。

图 2-8　酒精灯

(2) 熄灭灯焰时要将灯盖由火焰的侧面盖上,以免由上方盖上时被灼伤,同时也可避免在盖内累积太多的热量。灯盖盖上后要尽量密合,以防止灯内的酒精在灯头处尚有余温的情形下挥发太快。酒精灯在长时间不用时也应将灯内的酒精倒出,储存在密闭的玻璃容器中。

(3) 酒精灯不用时切记灯盖一定要盖上,只有在欲点火时灯盖才应打开。由于任何时候移动灯盖酒精就持续挥发,若是酒精灯四周透风不良,挥发的气体会累积在酒精灯的四周,点火时很容易产生气爆现象而遭火焰灼伤。

(4) 酒精灯的玻璃部分有任何的裂缝时都不可继续使用,应立即更换。

(5) 酒精灯不小心打翻时,只需以湿抹布由火的侧方滑上掩盖住泼洒的范围即可灭火。或是以自身为准,由内往外从火的侧方盖下,切莫由正上方往下盖,以免灼伤自己。火焰扑灭后,应立即将门窗打开,尽快使空气中的酒精蒸气吹散,勿在其四周点火。

#### (二) 本生灯

本生灯是实验室中高温加热与灼烧灭菌工具。因其火焰温度较高,故灯具的材质必须使用耐热金属,其使用可燃气混合空气进行燃烧。本生灯所使用的燃料在室温时是气态,应特别留意管线的安全。

图 2-9　本生灯

(1) 使用前必须检查所有开关是否处在封闭状态。确定所有的开关都处在封闭状态时,才能打开燃气的总开关。本生灯不可先开气后点火,应于无漏气情况下,点火后逐渐开气,遇燃气漏气时,须实时检验。使用时,先以火柴等点火工具放在本生灯的顶端燃烧口处点火,接着打开本生灯的燃气开关至适当大小送出燃气,此时燃气即被点燃,若在 3 到 5 s 内未见燃气被点燃应立即封闭燃气开关,待 10 s 后再重复前述点火的动作,若仍未能点燃,可再重复点火程序。

(2) 通常燃气输送的管线过长时,初次点火较不易被点燃,由于此时燃气可能尚未输送至本生灯处。燃气点燃时焰色应为黄红色,此时若火焰过大或过小都应立即调至适宜的程度。若在多次重复点火的动作后仍未能点燃,此时应仔细观察,若未闻到燃气味,则表明燃气的供给有问题,应检查燃气开关是否正常或燃气是否用完。若闻到燃气味,则应检查是否空气开关未封闭、本生灯的出气口有堵塞的情形。待情况排除并且燃气味排除后才可再次点火。

（3）燃气点燃后应接着打开空气开关。空气的输入可使燃烧变得较完全，此时火焰会渐呈蓝色。本生灯在使用时要留意火焰的调整，当空气量不够时，火焰会呈黄色，有时甚至会产生黑烟，此种黄色火焰不仅温度较低，而且因燃烧不完全，黄色焰区中的细小碳粒会附着在被加热物外壁上，要改善此现象只要增加空气的输入量，即可将火焰的焰色调到淡蓝色完全燃烧的状态，此时火焰温度在约焰高二分之一到三分之二的高度处温度最高，当空气的输进量适宜时，火焰的颜色会呈现完全的蓝色，而且燃烧的温度也会增高。

（4）燃气不用时应立即关火。封闭燃气时宜先封闭空气开关再将燃气关上。

（5）本生灯有火时，随时都应有人在旁边，不可任由本生灯燃烧而无人看管。实验结束时应先将总开关关上，再将管线内的燃气以本生灯点火烧光，以保证安全。

（6）使用本生灯时，若不小心失火，应立即封闭燃气开关，再做其他抢救措施。

（7）在使用本生灯时，遇风大或天冷时，不可将门窗紧闭，以免空气不足导致一氧化碳中毒。

（8）在生物安全操纵柜内禁止长时间使用酒精灯和火焰式本生灯，因为持续燃烧所产生的热效应会干扰生物安全操纵柜内的气体层流，且火焰热气会大大缩短 HEPA 高效滤层的寿命。

### （三）电热式的灭菌装置——接种环灭菌器

它是一种可用于接种环、接种针、小镊子、小剪刀等的最新高温灭菌设备。没有明火，不产生乱流，是生物安全柜的必备小型灭菌设备。不存在打翻失火等安全隐患，对实验人员的安全保障更高。灭菌更充分，其灭菌温度最高可达900℃，相比传统酒精灯500℃的火焰灭菌更有效，且灭菌时间更短，更能达到灭菌效果。带有温控表显示，灭菌温度一目了然，而不是简单的自我感觉灭菌效果，更具科学性。不受外界因素的影响，可提高实验的工作效率，能适应各种实验环境。

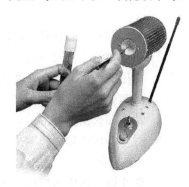

图 2-10　接种环灭菌器

## 六、影响消毒与灭菌的因素

（1）微生物的特性　不同的微生物对热的抵抗力和对消毒剂的敏感性不同，细菌、酵母菌的营养体、霉菌的菌丝体对热较敏感，放线菌、酵母菌、霉菌的孢子比营养细胞抗热性强。不同菌龄的细胞，其抗热性、抗毒力也不同，在同一温度下，对数生长期的菌体细胞抗热力、抗毒力较小，稳定期的老龄细胞抗性较大。

（2）灭菌处理剂量　灭菌处理剂量是指处理强度和处理方法对微生物的作用时间。所谓强度，在加热灭菌中指灭菌的温度；在辐射灭菌中指辐射的剂量；在化学药剂消毒中指的是药物的浓度，一般来说，强度越高，作用时间越长，对微生物的影响越大，灭菌程度越彻底。

（3）微生物污染程度　待灭菌的物品中含菌数较多时，灭菌越是困难，灭菌所需要的时间和强度均应增加。这是因为微生物群集在一起，加强了机械保护作用，而且抗性强的个体增多，也增加了灭菌的难度。

（4）温度　温度越高，灭菌效果越好。菌液被冰冻时，灭菌效果则显著降低。

（5）湿度　熏蒸消毒，喷洒干粉，喷雾都与空气的相对湿度有关。相对湿度合适时，灭菌效果最好。此外,在干燥的环境中,微生物常被介质包裹而受到保护,使电离辐射的作用受到限制,这时必须加大灭菌所需的电离辐射剂量。

(6)酸碱度 大多数的微生物在酸性或碱性溶液中,比在中性溶液中容易被杀死。

(7)介质 微生物所依附的介质对灭菌效果的影响较大。介质成分越复杂,灭菌所需的强度越大。

(8)穿透条件 杀菌因子只有与微生物细胞相接触,才可以发挥作用。在灭菌时,必须创造穿透条件,保证杀菌因子的穿透,灭菌时所需时间应比液体培养基长;湿热蒸汽的穿透能力比干热蒸汽强;环氧己烷的穿透能力比甲醛强。

(9)氧 氧的存在能加强电离辐射的杀菌作用。当有氧存在时,氢可与氧产生有强氧化作用的 $H_2O$ 和 $H_2O_2$,与无氧照射时相比,杀菌作用要强 2.5~4 倍。

## 思考与训练

一、判断题(下列判断正确的打√,错误的打×并说明判断依据)

1. 烘箱正常工作时,可以随意开启箱门。 (　　)

2. 高压蒸汽灭菌适用于所有的培养基和物品的灭菌。 (　　)

3. 灭菌就是没有活微生物。 (　　)

4. 消毒和灭菌是等效的。 (　　)

5. 微生物污染程度影响灭菌和消毒效果。 (　　)

二、选择题

1. 防止微生物进入机体或物体的操作方法叫(　　)。

A. 灭菌　　　　　　B. 无菌　　　　　　C. 消毒　　　　　　D. 无菌技术

2. 高压蒸汽灭菌时,当压力达 0.1 MPa、温度为 121℃时,维持时间为(　　)。

A. 10 min　　　　B. 20 min　　　　C. 30 min　　　　D. 25 min

3. 使用高压蒸汽灭菌锅进行灭菌时,下面操作中不正确的是(　　)。

A. 放入的物品应留有蒸汽流通的空间

B. 试管与液体培养基分开灭菌

C. 密闭容器,打开电源开关,加热至温度为 121℃

D. 灭菌结束,待自然降到室温后开盖

4. 目前常采用烘箱进行干热灭菌,所采用的温度和时间是(　　)。

A. 100℃ 1 h　　　　　　　　　　　B. 100~110℃ 1~2 h

C. 180~190℃ 1~2 h　　　　　　　D. 160~170℃ 1~2 h

5. 电热恒温干燥箱可以用于(　　)灭菌。

A. 液体培养基　　B. 培养皿　　　　C. 接种针　　　　D. 涂布玻璃棒

三、简答题

1. 常用的消毒方法有哪些?

2. 列举一种干热灭菌法和一种湿热灭菌法并比较两种方法的不同。

3. 影响灭菌消毒的因素有哪些?

4. 使用酒精灯需要注意哪些问题?

# 任务三　培养基的制备与灭菌

## 任务描述

1. 理解培养基的定义与类型。
2. 按照检验要求制备培养基与试剂。
3. 完成培养基与试剂的灭菌。

## 相关知识

### 一、认识培养基

由人工配制的、适合微生物生长繁殖或产生代谢产物的营养基质叫培养基。培养基种类繁多,根据其成分、物理状态和用途可将培养基分成多种类型。

#### (一) 按成分不同划分

1. 天然培养基

含有化学成分还不清楚或化学成分不恒定的天然有机物。牛肉膏蛋白胨培养基和麦芽汁培养基就属于此类。常用的天然有机营养物质包括牛肉膏、蛋白胨、酵母浸膏、豆芽汁、玉米粉、牛奶等。天然培养基成本较低,除在实验室经常使用外,也适于用来进行工业规模的微生物发酵生产。

2. 合成培养基

由化学成分完全了解的物质配制而成的培养基。高氏1号培养基和查氏培养基就属于此种类型。配制合成培养基时重复性强但与天然培养基相比其成本较高,微生物在其中生长速度较慢,一般适用于在实验室进行有关微生物营养需求、代谢、分类鉴定、生物量测定、菌种选育及遗传分析等方面的研究工作。

#### (二) 根据物理状态划分

1. 固体培养基

在液体培养基中加入一定量凝固剂,使其成为固体状态即为固体培养基。培养基中凝固剂多数是琼脂,含量一般为 $1.5\% \sim 2.0\%$。

在实验室中,固体培养基一般加入平皿或试管中,制成培养微生物的平板或斜面。固体培养基为微生物提供一个营养表面,单个微生物细胞在这个营养表面进行生长繁殖,可以形成单个菌落。固体培养基常用来进行微生物的分离、鉴定、活菌计数及菌种保藏。

2. 半固体培养基

半固体培养基中凝固剂的含量比固体培养基少,培养基中琼脂含量一般为 $0.2\% \sim 0.7\%$。半固体培养基常用来观察微生物的运动特征、分类鉴定及噬菌体效价滴定等。

3. 液体培养基

液体培养基中未加任何凝固剂,在用液体培养基培养微生物时,通过振荡或搅拌可以增加培养基的通气量,同时使营养物质分布均匀。液体培养基常用于大规模工业生产及在实验室进行微生物的基础理论和应用方面的研究。

**(三) 按用途划分**

**1. 基础培养基**

尽管不同微生物的营养需求不同,但大多数微生物所需的基本营养物质是相同的。基础培养基是含有一般微生物生长繁殖所需的基本营养物质的培养基。牛肉膏蛋白胨培养基是最常用的基础培养基。

**2. 加富培养基**

也称为营养培养基,即在基础培养基中加入某些特殊营养物质制成的一类营养丰富的培养基。这些特殊营养物质包括血液、血清、酵母浸膏、动植物组织液等。加富培养基一般用来培养营养要求比较苛刻的异养微生物,还用来富集和分离某种微生物,这是因为加富培养基含有某种微生物所需的特殊营养物质,该种微生物在这种培养基中较其他微生物生长速度快,并逐渐富集而占优势,逐步淘汰其他微生物,从而容易达到分离该种微生物的目的。

**3. 鉴别培养基**

用于鉴别不同类型微生物的培养基。在培养基中加入某种特殊化学物质,某种微生物在培养基中生长后能产生某种代谢产物,代谢产物可以与培养基中的特殊化学物质发生特定的化学反应,产生明显的特征变化,根据这种特征性变化,可将该种微生物与其他微生物区别开来。鉴别培养基主要用于微生物的快速分类鉴定,以及分离和筛选产生某种代谢产物的微生物菌种。

**4. 选择培养基**

用来将某种或某类微生物从混杂的微生物群体中分离出来的培养基。根据不同种类微生物的特殊营养需求或对某种化学物质的敏感不同,在培养基中加入相应的特殊营养物质或化学物质,抑制不需要的微生物的生长,有利于所需微生物的生长。

在实际应用中,有时需要配制既有选择作用又有鉴别作用的培养基。如要分离金黄色葡萄球菌时,在培养基中加入7.5% NaCl、甘露糖醇和酸碱指示剂,金黄色葡萄球菌可耐高浓度NaCl,且能利用甘露糖醇产酸。因此能在上述培养基生长,而且菌落周围颜色发生变化,则该菌落有可能是金黄色葡萄球菌,再通过进一步鉴定加以确定。

## 二、培养基的制备记录

每次制备培养基均应有记录,包括培养基名称、配方及其来源、各种成分的批号、最终pH、消毒的温度和时间、制备的日期和制备者等。记录应复制一份,原记录保存备查,复制记录随制备好的培养基一同存放,以防发生混乱。

## 三、培养基制备的基本方法

不同类型培养基制备的流程与方法不尽相同。但一般培养基的程序主要可分为配料、溶化、调节 pH、澄清过滤、分装、灭菌及检定等8个步骤。

**(一) 称量**

用精确度1/100的电子天平称取培养基所需药品。先根据配方计算出配制一定量培养基所需各种成分药品的量,然后用天平精确称取。称量时用称量纸折叠成簸箕状盛放药品。称量纸折叠方法如图 2-11 所示。

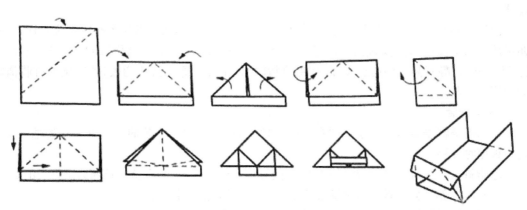

图 2-11 称量纸的折法

按培养基配料表精确称取各种成分,先在三角烧瓶中加入少量蒸馏水,再加入各种成分,以防蛋白胨等黏附于瓶底,然后再以剩余的水冲洗瓶壁。

培养基的各种成分必须精确称取并要注意防止错乱,最好一次完成,不要中断。可将配方置于旁侧,每称完一种成分即在配方上面做出记号,并将所需称取的药品一次取齐,置于左侧,每种称取完毕后,即移放于右侧。完全称取完毕后,还应进行一次检查。

**(二) 溶化**

培养基放入烧杯或搪瓷缸中,慢慢加入少量所需水,边加入边用玻棒搅拌。如果培养基中不含有琼脂,培养基不需要加热;如果含有琼脂,则需要用本生灯或电磁炉加热煮沸,完全溶解后,再补齐所需水,并搅拌均匀。如果配制的培养基量很大,可用不锈钢锅加热溶化,可先用温水加热并随时搅动,防止焦化,如有焦化现象,配制的培养基就不能使用,要重新配制。

配制培养基时不可用铜或铁的容器溶化,因铜或铁制容器可能会使培养基中的铜和铁的含量超标,影响实验(培养基中铜含量大于 0.3 mg/L,细菌不宜生长,铁含量超过 0.14 mg/L,妨碍细菌产毒素)。对容易发生反应、产生沉淀的药品,要分开溶解,最后加入培养基,如磷酸氢二钾和硫酸镁。

**(三) 调节 pH**

虽然培养基中含有缓冲物质成分,能使培养基的 pH 尽可能地保持在要求的范围内,但是配出的培养基若不符合要求,就要进行必要的调节。如果有已校准 pH 计,可用 pH 计,如果没有,可用精密 pH 试纸,再根据需要用 1 mol/L 氢氧化钠或 1 mol/L 盐酸(微调可用 0.1 mol/L 氢氧化钠或 0.1 mol/L 盐酸)调节所需的 pH。培养基的 pH 一般为 7.4~7.6,也有酸性或碱性的。用氢氧化钠调节的需要高压灭菌的培养基,在调节 pH 时要调至高出所需 0.1~0.2 个单位,因为用氢氧化钠调节时,高压灭菌后,培养基的 pH 要降低 0.1~0.2 个单位。如培养基中含有碳酸钙成分,可不调节 pH。

**(四) 过滤澄清**

培养基配制后一般都有沉渣或浑浊出现,需过滤成清晰透明后方可使用,常用的过滤方法如下:

液体培养基 液体培养基必须清晰,以便观察细菌的生长情况,常用滤纸过滤,亦可在加热前加入用水稀释的鸡蛋白(1 000 mL 培养基用 1 个鸡蛋白)在 100℃加热后保持 60~70℃

40~60 min,使其不溶性物质附于凝固的蛋白上而沉淀,然后用虹吸法吸出上清液或以滤纸过滤。

固体培养基　如系琼脂培养基,于加热融化后需趁热以绒布或两层纱布中夹脱脂棉过滤;亦可用自然沉淀法,即将琼脂培养基盛入铝锅或广口搪瓷容器内,以高压(103.43 kPa)蒸汽融化 15 min 后,静置高压锅内过夜,次日将琼脂倾出,用刀将底部沉渣切去,再融化即可收清晰的琼脂培养基。

**(五)分装**

根据需要将培养基分装于不同容量的三角烧瓶、试管中。分装的量不宜超过容器的 2/3以免灭菌时外溢。

琼脂斜面分装量为试管容量的 1/5,灭菌后须趁热放置成斜面,斜面长约为试管长的 2/3。

半固体培养基分装量约为试管长的 1/3,灭菌后直立凝固待用。

高层琼脂分装量约为试管的 1/3,灭菌后趁热直立,待冷后凝固待用。

液体培养基分装于试管中,约是试管长度的 1/3。

**(六)灭菌**

(1) 不同成分、性质的培养基,可采用不同的灭菌方法。

含糖类或明胶的培养基:113℃灭菌 15 min 或 115℃灭菌 10 min。

无糖培养基:121℃灭菌 15~20 min。

对含有不耐高温物质的培养基:煮沸灭菌。血液、体液和抗生素等以无菌操作技术抽取后再加入冷却至 50℃左右的培养基中。

(2) LST 培养基进行灭菌时,有时发酵管内会有气泡。为防止发酵管内产生气泡,可以采取以下几项措施:

小倒管浸满培养基(不留气泡)后再加入盛 LST 的试管中。

灭菌锅关闭放气阀前,将锅内气体排干净。

试管塞不要塞得太紧(使用硅胶塞的时候),勿使用橡皮塞。

不要过早打开灭菌锅,要等灭菌锅内气压和温度都降到与室温一致或相差不大时再打开灭菌锅。

如果以上情况都做到还有气泡,可用水做培养基组的对照试验,若培养基组有气泡,而对照组没有气泡可确定是培养基自身的原因。

(3) 倒平板　灭菌融化的培养基冷却到 50℃后,倒入无菌干燥的培养皿中。培养基的温度不能过高,否则容易在培养皿的内盖上形成太多的冷凝水;温度太低,培养基又容易凝固成块,无法制成平板。倒平板时,应靠近酒精灯火焰进行,以免外界的杂菌落入平板内,左手拿培养皿,右手拿三角瓶的底部,用左手的小指和手掌部位把三角瓶的棉塞拔下,灼烧瓶口,用大拇指和食指把培养皿盖打开一条缝,至瓶口刚好伸入,倒入培养基,以铺满底为限,不超过培养皿高度的 1/3,迅速盖好盖,放在桌面上,轻轻地转动培养皿,使培养基分布均匀,冷凝后即可。

(4) 摆斜面　装在试管中的琼脂培养基,在灭菌完成后,趁热立即摆放在木棒(或玻璃棒)上,并成适当的斜度,冷却后,琼脂凝固即成斜面。斜面长度不宜超过试管 1/2。

**(七)培养基的质量测试**

如发现破裂、水分浸入、色泽异常、棉塞被培养基沾染等、均应挑出弃去。并测定其最终 pH。

将全部培养基放入 36±1℃恒温箱培养过夜,如发现有菌生长,即弃去。

用有关的标准菌株接种1~2管(瓶)培养基,培养24~48 h。如无菌生长或生长不好,应追查原因并重复接种一次,如结果仍同前,则该批培养基即应弃去,不能使用。

**(八) 保存**

配制好的培养基不宜保存过久,基础培养基不能超过两周,生化试验培养基不宜超过一周,选择性或鉴别性培养基最好当天使用,倾注的平板培养基不宜超过3 d。每批应注明名称、分装量、制作日期等,放在4℃冰箱内备用。

## 思考与训练

1. 根据食品安全国家标准,写出沙门氏菌检验用三糖铁培养基制备详细流程。

2. 根据食品安全国家标准,写出金黄色葡萄球菌检验中需要的培养基分别属于哪些类型。

3. 设计一份实验室培养基管理表。

## 项目三　微生物的接种、分离纯化与培养

**学习目标** ◎

1. 知通微生物常用的接种、分离纯化的基本操作技术。
2. 知道微生物培养的方法。
3. 会正确地对微生物进行接种、分离纯化。
4. 会正确地选择微生物培养方法。
5. 会分析结果、数据处理与撰写实验报告。

　　微生物通常是肉眼看不见的微小生物,在微生物的研究及应用中,不仅要通过分离纯化技术从混杂的天然微生物群体中分离出特定的微生物,还必须随时注意保持微生物纯培养物的"纯洁",防止其他微生物趁虚而入。

# 任务一　微生物的接种技术

**任务描述** ◎

1. 知道微生物常用的接种工具。
2. 知道微生物常用的接种方法。
3. 会选用正确的方法进行微生物接种。

**相关知识** ◎

### 一、什么是接种

　　接种是指将微生物的纯种或含有微生物的材料转移到适于它生长繁殖的人工培养基上或活的生物体内的过程。

### 二、常用的接种工具

　　微生物的接种工具有很多,常用的接种工具有以下几种。

　　1. 接种针

　　接种时挑取菌丝块的必备工具。接种针的结构如图3-1所示。

图 3-1 接种针的结构

由于接种要求或方法的不同,接种针的镍铬合金丝常做成不同的形状,如图 3-2 所示的各种接种工具。

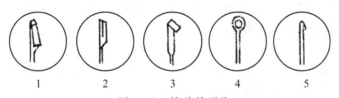

图 3-2 接种针形状
1.接种铲；2.接种刀；3.接种耙；4.接种环；5.接种钩

## 2. 涂布棒

用于培养细菌时平皿涂布,传统涂布棒为玻璃制作,但易碎。故现在市场上还有一种用不锈钢制成的涂布棒,如图 3-3 所示。

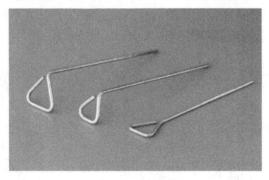

图 3-3 涂布棒

## 3. 吸量管和移液枪

转移菌液时必备工具,如图 3-4 所示。

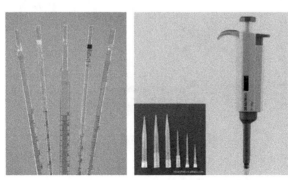

图 3-4 吸量管和移液枪

移液枪有较高的精确度和误差系数,使用寿命长,维护成本低,手感舒适,吸排液操作力轻,避免重复性肌劳损,退吸头力小。

此外,还有如接种圈、滴管、小解剖刀等也可作为接种工具用于微生物样品的接种。

### 三、常用的接种方法

**1. 液体接种**

从液体培养物中,用吸管(移液枪)将菌液接至液体培养基中,或从液体培养物中将菌液移至固体培养基中,都可称为液体接种。

**2. 浸洗接种**

用接种环或针挑取含菌材料后,插入液体培养基中,将菌洗入液体培养基内。也可将某些含菌材料直接浸入培养液中,把附着在表面的菌洗掉。

**3. 倾注接种**

将待接的微生物先放入培养皿中,然后倒入冷却至 46℃左右的固体培养基,迅速轻轻摇匀,这样菌液就达到稀释的目的。待平板凝固之后,置合适温度下培养,就可长出单个的微生物菌落。又称混浇接种。接种工具有吸管、移液枪等。

**4. 划线接种**

划线接种就是在固体培养基表面作来回直线形的移动,就可达到接种的作用,它是进行微生物分离的一种常规接种法,也是最简单的分离微生物的方法,在斜面接种和平板划线中常用此法。常用接种工具有接种环、接种针等。如图 3-5 所示。

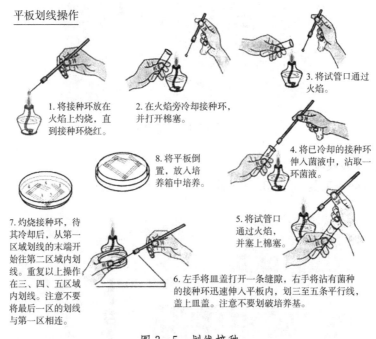

平板划线操作

1. 将接种环放在火焰上灼烧,直到接种环烧红。

2. 在火焰旁冷却接种环,并打开棉塞。

3. 将试管口通过火焰。

4. 将已冷却的接种环伸入菌液中,沾取一环菌液。

5. 将试管口通过火焰,并塞上棉塞。

6. 左手将皿盖打开一条缝隙,右手将沾有菌种的接种环迅速伸入平板内,划三至五条平行线,盖上皿盖。注意不要划破培养基。

7. 灼烧接种环,待其冷却后,从第一区域划线的末端开始往第二区域内划线。重复以上操作在三、四、五区域内划线。注意不要将最后一区的划线与第一区相连。

8. 将平板倒置,放入培养箱中培养。

图 3-5 划线接种

**5. 穿刺接种**

做穿刺接种时,用的接种工具是接种针。它是指用接种针蘸取少量的菌种,沿半固体培养基中心向管底作直线穿刺,在保藏厌氧菌种或研究微生物的动力时常采用此法。如图3-6所示。

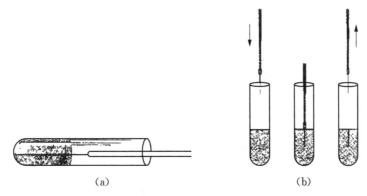

（a）　　　　　　　　　　　　　　（b）

图3-6　穿刺接种

6. 涂布接种

此法与倾注接种略有不同,就是先倒好平板,让其凝固,然后将菌液倒入平板上面,迅速用涂布棒在表面作来回左右的涂布,让菌液均匀分布,就可长出单个的微生物的菌落。如图3-7所示。

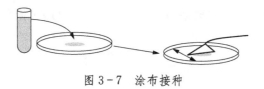

图3-7　涂布接种

7. 点植接种

在研究霉菌形态时常用此法。就是将纯菌或含菌材料用接种针在固体培养基表面的几个点点接一下。如三点接种法,即把少量的微生物接种在平板表面上,成等边三角形的三点,让它们各自独立形成菌落后,来观察、研究它们的形态。除三点外,也有一点或多点进行接种的。

8. 注射接种

该法是用注射的方法将待接的微生物转接至活的生物体内,如人或其他动物中,常见的疫苗预防接种,就是用注射接种,接入人体,来预防某些疾病。

9. 活体接种

这是专门用于病毒培养或疫苗预防的一种方法,因为病毒必须接种于活的生物体内才能生长繁殖。所用的活体可以是整个动物,也可以是某个离体活组织(如猴肾等),还可以是发育的鸡胚。接种的方式可以是注射,也可以是拌料喂养。

无论采用哪种接种方法对微生物进行接种,由于打开器皿就可能引起器皿内被环境中的其他微生物污染,因此微生物实验的所有操作均应在无菌条件下进行,其要点是在火焰附近进行熟练的无菌操作,或在无菌箱、无菌操作室内等无菌的环境下进行操作。

用以挑取和转接微生物材料的接种环及接种针,一般采用易于迅速加热和冷却的镍铬合金等金属制备,使用时用火焰灼烧灭菌。而吸管或涂布棒一般采用恒温干燥箱进行灭菌。接种环灭菌及转接培养物的操作如图3-8和图3-9所示。

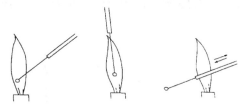

图 3-8　接种环(针)的灭菌步骤

(a) 接种环在火焰上灼烧灭菌　　(b) 烧红的接种环在空气中冷却,同时打开装有培养物的试管　　(c) 用接种环蘸取一环培养物转移到一装有无菌培养基的试管中,并将原试管重新盖好　　(d) 接种环在火焰上灼烧,杀灭残留的培养物

图 3-9　无菌操作转接培养物

可见,正确的接种技术是获得典型的生长良好的微生物培养物所必需的。

## 思考与训练

1. 微生物接种时的注意事项有哪些?
2. 常用的接种方法有哪些? 其所用的接种工具有哪些?

# 任务二　微生物的分离纯化

## 任务描述 ◎

1. 知道微生物常用的分离纯化方法。
2. 会选用正确的方法进行微生物的分离纯化。

## 相关知识 ◎

### 一、什么是分离纯化?

微生物通常是肉眼看不到的微小生物,而且无处不在,所以只有单纯的某一种微生物的培养物,才能有效分析和了解其性质,否则将会受到其他不同种类微生物的干扰。因此,需要通过分离纯化技术从混杂的天然微生物群体中分离出特定的微生物,而且还必须随时注意保持微生物纯培养物的"纯洁",防止其他微生物的混入。

在微生物学中,在人为规定的条件下培养、繁殖得到的微生物群体称为培养物,而只有一种微生物的培养物称为纯培养物。得到纯培养的过程称为分离纯化。具体来说,将特定的微生物个体从群体中或从混杂的微生物群体中分离出来的技术叫做分离,而如果在特定环境中只让一种来自同一祖先的微生物群体生存的技术叫做纯化。

### 二、常用的分离纯化方法

#### 1. 倾注平板法

首先把微生物悬液进行一系列稀释,然后取一定量的稀释液与熔化好的保持在 40～50℃左右的营养琼脂培养基充分混合,随后把这混合液倾注到无菌的培养皿中,待凝固之后,把这平板倒置在恒温箱中培养。单一细胞经过多次增殖后形成一个菌落,取单个菌落制成悬液,重复上述步骤数次,便可得到纯培养物。如图 3 - 10(a)所示。

图 3 - 10　分离纯化方法

**2. 涂布平板法**

首先将微生物悬液进行适当的稀释,取一定量的稀释液放在无菌的已经凝固的营养琼脂平板上,然后用无菌的玻璃涂布棒把稀释液均匀地涂布在培养基表面上,经恒温培养便可以得到单个菌落,如图 3-10(b)所示。

**3. 平板划线法**

这是一种最简单的分离微生物的方法。用无菌的接种环取培养物少许在平板上进行划线。划线的方法很多,常见的比较容易出现单个菌落的划线方法有斜线法、曲线法、方格法、放射法、四格法等,如图 3-11 所示。当接种环在培养基表面上往后移动时,接种环上的菌液逐渐稀释,最后在所划的线上分散着单个细胞,经培养,每一个细胞长成一个菌落。

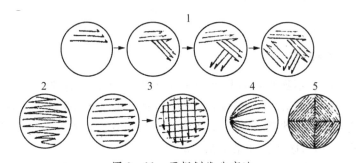

图 3-11　平板划线分离法

1.斜线法　2.曲线法　3.方格法　4.放射法　5.四格法

平板划线法的具体操作过程如图 3-12 所示,即用接种环以无菌操作挑取稀释液一环,先在平板培养基的一边作第一次平行划线 3～4 条,再转动培养皿约 70°角,通过第一次划线部分作第二次平行划线,再用同样的方法通过第二次划线部分作第三次平行划线和通过第三次划线部分作第四次平行划线,划线完毕后灼烧接种环,盖上培养皿,倒置于培养箱培养。

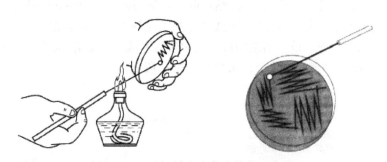

图 3-12　平板划线分离法操作示意图

**4. 富集培养法**

富集培养法的方法和原理非常简单。我们可以创造一些条件只让所需的微生物生长,在这些条件下,所需要的微生物能有效地与其他微生物进行竞争,在生长能力方面远远超过其他微生物。所创造的条件包括选择最适的碳源、能源、温度、光、pH、渗透压和氢受体等。在相同的培养基和培养条件下,经过多次重复移种,最后富集的菌株很容易在固体培养基上长出单菌落。如果要分离一些专性寄生微生物,就必须把样品接种到相应敏感宿主细胞群体中,使其大量生长,并通过多次重复移种就可以得到纯的寄生菌。

5. 厌氧法

在实验室中,为了分离某些厌氧微生物,可以利用装有原培养基的试管作为培养容器,把这支试管放在沸水浴中加热数分钟,以便除去培养基中的溶解氧。然后快速冷却,并进行接种。接种后,加入无菌的石蜡于培养基表面,使培养基与空气隔绝。另一种方法是在接种后,利用 $N_2$ 或 $CO_2$ 取代培养基中的气体,然后在火焰上把试管口密封。有时为了更有效地分离某些厌氧微生物,可以把所分离的样品接种于培养基上,然后把培养皿放在完全密封的厌氧培养装置中。

## 思考与训练

1. 为什么要进行微生物的分离纯化?
2. 采用固体培养基和液体培养基分离纯化微生物的方法各有哪些?

# 任务三  微生物的培养

## 任务描述

1. 能知道微生物的培养类型。
2. 会选用正确的方法进行微生物的培养。

## 相关知识

由于微生物的种类繁多,它们的培养方式也不尽相同。根据培养时是否需要氧气,可以将培养类型分为需(好)氧培养和厌氧培养两大类。根据培养的物理状态,可以将培养类型分为固体培养、半固体培养和液体培养三大类。下面对常用的培养方式进行进一步的介绍。

### 一、需(好)氧培养

对需氧微生物进行培养时,需要有氧气加入,否则就不能良好生长。在实验室中,液体或固体培养基经接种微生物后,一般将置于培养箱中,在有氧的条件下培养。有时为了加速繁殖速度或进行大量液体培养,可通过通气搅拌或振荡的方法来充分供氧,但通入的空气必须经过净化或无菌处理。

### 二、厌氧培养

厌氧培养是指在无氧的条件下进行微生物的发酵培养,这类微生物在培养时,不需要氧气参加。因此在厌氧微生物的培养过程中,最重要的一点就是要除去培养基中的氧气。一般可采用下列几种方法:

1. 降低培养基中的氧化还原电位

常将还原剂如谷胱甘肽、硫基醋酸盐等,加入培养基中,便可达到目的。有的将一些动物的死的或活的组织如牛心、羊脑加入培养基中,也可适合厌氧菌的生长。

2. 化合去氧

这也有很多方法,主要有用焦性没食子酸吸收氧气、用磷吸收氧气、用好氧菌与厌氧菌混合培养吸收氧气、用植物组织如发芽的种子吸收氧气、用产生氢气与氧化合的方法除氧。

3. 隔绝阻氧

可采用深层液体培养或用石蜡油封存或进行半固体穿刺培养。

4. 替代除氧

可采用二氧化碳替代氧气、氮气替代氧气、真空替代氧气、氢气替代氧气或用混合气体替代氧气等方法。

### 三、固体表面培养

固体表面培养是指微生物菌落生长在固体培养基的表面或里面的培养方法,该培养方法广泛用于培养需氧性微生物的菌落形态观察、保藏、分离和细胞计数等。固体表面培养法培养微生物有下列特点:

(1) 细胞多半是重叠地生长繁殖,因此直接与培养基相接触的细胞和在此细胞上再生长出的细胞会有所不同。

(2) 从摄取营养的角度来看,上层细胞就得通过下层细胞或细胞间隙来获得营养。

(3) 从供氧方面来说,从上到下逐渐形成缺氧的环境。

### 四、液体深层培养

液体深层培养是指用液体培养厌氧性微生物和需氧性微生物的方法,培养厌氧性微生物不需搅动培养基,而培养需氧性微生物则要搅动培养液,搅动方式有振荡、机械搅拌或通气搅拌。常用的液体培养法有:

1. 振荡培养

用于培养细菌、酵母菌及藻类等单细胞微生物,得到均一的细胞悬浊液,而培养霉菌或放线菌这一类菌丝状细胞,则可得到糊状的培养物。如果振荡不充分,培养物的黏度又高,会形成许多小球状的菌团培养物。图 3-13、图 3-14 是振荡培养所需的设备。

图 3-13 恒温双层振荡培养箱　　　图 3-14 超大型振荡器

2. 通气培养

一般是用玻璃制成的圆筒状的容器,主要部件有发酵罐主体、温度调节系统、搅拌系统、空气过滤系统、空气流量计以及各种检测仪表。如图 3-15 所示。

通气培养设备具有如下优点:

(1) 可以大量生产微生物细胞和代谢产物。

(2) 根据需要可随时调节氧的供给速率、营养物的流加量、温度以及 pH 等。

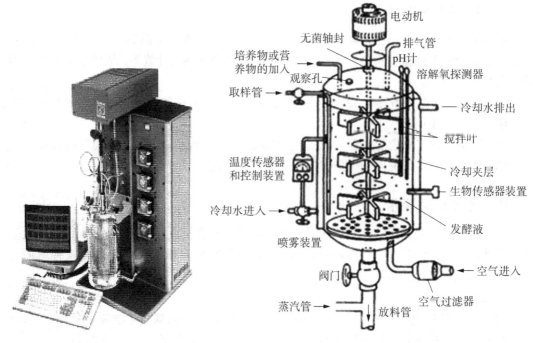

图 3-15 微生物通气培养装置

（3）可直接观察发酵罐中的培养物以及培养液的变化情况，给研究工作带来方便。

## 五、同步培养

同步培养主要是为了使培养液中的全部细胞都能处于同一生长阶段（就是同时进行分裂、生长、分裂）而设计的培养方法。为了获得同步生长的细胞，主要采用以下两种方法。

1. 选择法

选择法是通过过滤、密度梯度离心、膜吸附和直接选择等方法，从细胞群落中选择仅处于某生长阶段的细胞来进行培养的方法。

2. 诱导法

诱导法是通过改变细胞群落的环境条件，如交替的温度变化、营养变化、使用能够影响细胞生长周期的主要代谢抑制剂，从而使同一培养容器中的全部细胞都处于同一个生长阶段。

（1）温度法：短时间低温处理，特异性地阻止细胞分裂，再恢复最适分裂温度，从而获得同步温度培养物。

（2）饥饿法：通过除去培养基中的葡萄糖、氨基酸、胸腺嘧啶等营养源进行培养而获得同步培养物。一般是在少量的营养中使微生物进行对数增殖，使营养耗尽，然后转入适宜的培养条件。

## 六、连续培养

连续培养是相对分批培养或密闭培养而言的。当微生物以单批培养的方式培养到指数期的后期时，一方面以一定速度连续流入新鲜培养基和通入无菌空气，并立即搅拌均匀，另一方面,利用溢流的方式,以同样的流速不断流出培养物,于是容器内的培养物就可达到动态平衡,其中的微生物可长期保持在指数期的平衡生长状态和恒定的生长速率上,这样就形成了连续生长。故微生物以连续生长方式进行的培养称为连续培养。

微生物在一定条件下,如果不断补充营养物质和排除有害的代谢产物,理论上讲,微生物都可保持恒定的对数生长。通常采用以下两种方式实现。

### 1. 恒化培养

微生物在恒化器中培养,通过控制恒化器中微生物生长所必需营养物的浓度,以保证微生物持续生长。连续培养应用于工业发酵中称连续发酵,并已获得实际应用,例如,连续发酵法生产酒精,半连续发酵法生产丙酮、丁醇等,如图 3 - 16(a)所示。

### 2. 恒浊培养

当微生物在恒浊器中培养进入对数期时,不断从外界加入新鲜培养基,而同时又流出培养物,并用光电池信号控制浊度,以维持恒定的细胞密度,如图 3 - 16(b)所示。

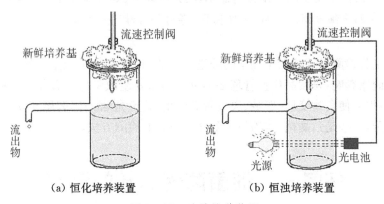

（a）恒化培养装置　　　　　　（b）恒浊培养装置

图 3 - 16　连续培养装置

## 七、透析培养

透析培养是用透析膜隔开的相邻两液相间,一面由透析膜调节物质转移,除去有害物质的积累,另一面进行微生物培养的方法,这种方法可提高细胞浓度。透析培养的特点是:

（1）延长了发酵的对数增殖期,使菌体细胞的密度增加,为提高目的物产量创造了有利条件。

（2）消除终产物的反馈抑制,使酶活力增强,代谢功能旺盛。

◇◇◇◇◇◇◇◇◇◇◇◇◇◇◇◇◇◇◇◇◇◇ **思考与训练** ◇◇◇◇◇◇◇◇◇◇◇◇◇◇◇◇◇◇◇◇

1. 同步培养和连续培养的特点各有哪些?
2. 何为恒化培养? 何为恒浊培养?

## 项目四 基础微生物检测

### 学习目标 ◎

1. 会描述微生物的形态、大小、细胞结构、培养特性。
2. 会描述微生物生长繁殖的条件、过程和结果。
3. 会描述食品微生物检测中细菌菌落总数、大肠菌群、霉菌和酵母菌的检验流程。
4. 会进行食品中细菌菌落总数、大肠菌群、霉菌和酵母菌的测定。

食品中微生物检测是运用微生物学的理论与方法,检验食品中微生物的种类、数量、性质及其对人体的健康影响,是食品质量管理必不可少的重要组成部分。食品中的微生物如果超出一定数量,不仅会使食物变质、腐败、失去营养价值,还会危害人体健康和安全,这些微生物有些是非致病菌,有些是致病菌,本项目主要介绍前者的检测方法。

# 任务一 细菌菌落总数的测定

### 任务描述 ◎

1. 知道细菌的形态、大小、细胞结构、培养特性。
2. 知道细菌生长繁殖的条件、过程和结果。
3. 知道食品中细菌菌落总数的检验流程。
4. 会正确地进行食品中细菌菌落总数的测定。
5. 会对食品中细菌菌落总数做出正确判定和报告。

### 相关知识 ◎

**一、细菌概述**

细菌是一类个体微小、形态结构简单并以二分裂法繁殖的单细胞原核微生物。在自然界中,细菌分布最广、数量最多,几乎可以在地球上的各种环境下生存,一般每克土壤中含有的细菌数可达数十万个到数千万个。细菌菌体的营养和代谢类型极为多样,所以它们在自然界的物质循环、食品及发酵工业、医药工业、农业以及环境保护中都发挥着极为重要的作用。

### 1. 细菌的基本形态和大小

细菌的种类繁多,但就单个细胞而言,其基本形态可分为球状、杆状和螺旋状三种,分别称为球菌、杆菌和螺旋菌。其中杆菌最为常见,球菌次之,螺旋菌主要为病原菌,较为少见,如图4-1所示。

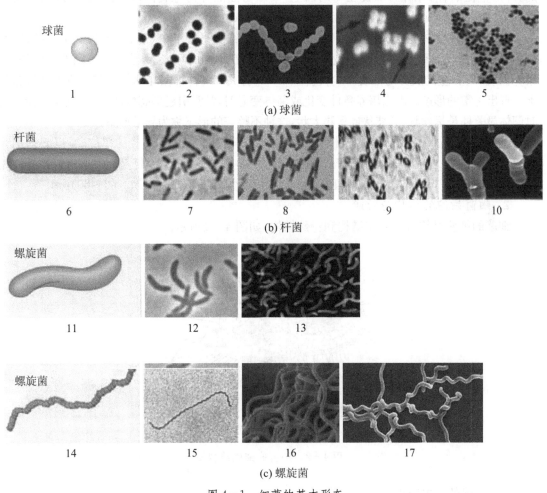

图 4-1 细菌的基本形态

(a) 球菌:1 单球菌 2 双球菌 3 链球菌 4 四联球菌 5 葡萄球菌
(b) 杆菌:6 杆菌 7、8 普通杆菌 9 芽孢杆菌 10 双歧杆菌
(c) 螺旋菌:11、12 弧菌 13、15、16 螺菌 14、17 螺旋体

(1)球菌

按分裂后细胞的排列方式不同可分为六种,包括单球菌、双球菌、链球菌、四联球菌、八叠球菌、葡萄球菌,见图4-1(a)。

(2)杆菌

杆菌的形态多样,各种杆菌的长短、大小、粗细、弯曲程度差异较大,有长杆菌、短杆菌、链杆菌和棒杆菌。杆菌的长宽比相差很大,其两端常呈不同的形状,如半圆形、钝圆形、平截形、"Y"字形等,见图4-1(b)。

杆菌在不同培养条件下,有的以单个存在,如大肠杆菌;有的呈链状排列,如枯草芽孢杆菌;有的呈栅状排列或"V"字排列,如棒状杆菌。

(3)螺旋菌

菌体呈弯曲状的杆菌。根据其弯曲程度不同可分为螺菌、螺旋体和弧菌。螺旋一周或多周,外形坚挺的称为螺菌;螺旋在6周以上,柔软易曲的称为螺旋体;螺旋不到一周的称为弧菌,其菌体呈弧形或逗号状,如霍乱弧菌,见图4-1(c)。

除上述三种基本形态外,近年来,人们还发现了细胞呈梨形、星形、方形和三角形的细菌。需要强调的是以上形态不是固定不变的。一种细菌在不同的环境下,形态是不同的,其形态与培养温度、培养基的成分与浓度、培养时间、pH等有关。各种细菌在幼龄时和适宜的环境条件下表现出正常的形态。但当培养条件变化或菌体变老时,常常引起形态的改变,尤其是杆菌。有时菌体显著伸长呈丝状、分枝状或呈膨大状,这种不整齐的形态称为异常形态。

细菌的个体通常很小,常用微米(μm)作为测量其长度、宽度和直径的单位,所以必须用光学显微镜的油镜才能观察清楚。球菌的直径为0.5~2.0(μm),杆菌的大小(长×宽)为(0.5~1.0)μm×(1~5)μm,螺旋菌的大小(宽×长)为(0.25~1.7)μm×(2~60)μm。

2. 细菌细胞的结构与功能

细菌的细胞结构分为基本结构和特殊结构,如图4-2所示。

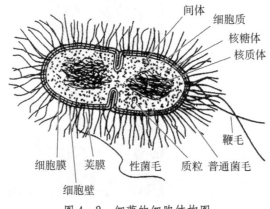

图4-2 细菌的细胞结构图

(1)细菌的基本结构

细菌的基本结构指所有的细菌都具有的结构,包括细胞壁、细胞膜、间体、细胞质、核糖体、核质体。

① 细胞壁

细胞壁是位于细菌细胞膜外的一层坚韧而有弹性的膜状结构。功能是维持细菌固有外形,保护细菌不受外界低渗环境的破坏;与细胞膜共同完成胞内外的物质交换;决定细菌的抗原性。其主要化学组成成分是肽聚糖、磷壁酸。聚糖支架由N-乙酰葡萄糖胺和N-乙酰胞壁酸交替间隔排列,以β-1,4-糖苷键连接而成,每个胞壁酸分子上连接一条四肽侧链,从而构成坚韧的三维立体框架结构。根据细菌细胞壁结构的区别,可将细菌分为革兰氏阳性菌和革兰氏阴性菌。

② 细胞膜

细胞膜位于细胞壁内侧,包绕在细胞质外面的一层柔韧致密、富有弹性的生物膜。其结构是脂质双层并镶嵌有多种蛋白质。细胞膜的主要功能有选择性渗透作用;与细胞壁共同完成细胞内外的物质交换;膜上有多种酶,参与生物合成;膜上有多种呼吸酶参与细胞的呼吸过程。

③ 间体

间体是细菌部分细胞膜向内陷入胞质中折叠而形成的囊状物。由于间体扩大了细胞膜的表面积,相应增加了呼吸酶的含量,可为细菌提供大量能量,其功能类似于真核细胞的线粒体,故有"拟线粒体"之称。

④ 细胞质

细胞质是包裹在细胞膜内的胶状物质,基本成分是水、蛋白质、核酸和脂质,还含有少量的糖类和无机盐。细胞质中RNA含量较高,易被碱性染料着色。细菌细胞质中含有多种酶系统,是细菌进行新陈代谢的主要场所。细胞质中还含有许多重要的结构,如核糖体等。

⑤ 核质体

核质体具有细胞核的功能,控制细菌的各种遗传性状,与细菌的生长、繁殖、遗传和变异密切相关。

(2) 细菌的特殊结构

是指某些细菌特有的结构,如荚膜、鞭毛、菌毛和芽孢等。

① 荚膜

某些细菌能分泌一层黏液性物质包绕在细胞壁外成为荚膜,如图4-3所示。大多数细菌的荚膜为多糖,炭疽杆菌等少数菌荚膜为多肽。荚膜对一般碱性染料亲和力低不易着色,普通染色只能见到菌体周围有未着色的透明圈,而特殊染色法可将荚膜染成与菌体不同的颜色。

图4-3 细菌的荚膜

荚膜可以抵抗宿主吞噬细胞的吞噬和消化作用,是病原菌重要的毒力因子;荚膜可作为养料储藏库,必要时向细菌提供水分和营养;荚膜也是废物堆积场所;荚膜的形成是细菌分类鉴定的依据之一。

② 鞭毛

许多细菌,包括所有的弧菌和螺菌、约半数的杆菌和个别球菌,在它们的菌体上附有细长并呈波状弯曲的丝状物,这种丝状物称为鞭毛。根据细菌鞭毛着生位置与数量的不同,可将细菌分为单毛菌、双毛菌、丛毛菌和周毛菌,如图4-4所示。

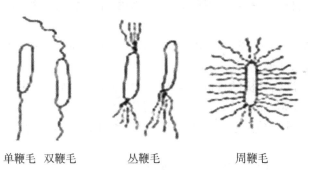

单鞭毛 双鞭毛　　　　丛鞭毛　　　　　周鞭毛

图4-4 细菌的鞭毛

鞭毛的化学组成主要是蛋白质、少量多糖、脂质和核酸。它是细菌的运动器,具有运动功能,同样也可作为菌种分类鉴定的依据之一。

③ 菌毛

许多革兰氏阴性菌和少数革兰氏阳性菌菌体表面存在着一种比鞭毛更细、更短而直硬的菌毛。其化学组分是菌毛蛋白,与细菌的运动无关。菌毛在普通光学显微镜下看不到,必须用电子显微镜观察。

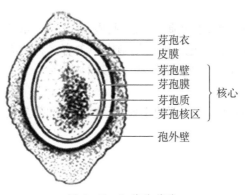

图 4-5 细菌的芽孢

④ 芽孢

某些革兰氏阳性细菌在一定的环境条件下,胞浆脱水浓缩后在菌体内形成一个圆形或卵圆形、通透性很低的小体,称为芽孢。成熟的芽孢含水量非常少,有厚而致密的壁,含有大量的以钙盐形式存在的 DPA(2,6-吡啶二羧酸)和抗热性的酶,如图 4-5 所示。

芽孢具有极强的抗热、抗辐射、抗化学药物和抗静水压等特性。如一般细菌的营养细胞在 70~80℃时 10 min 就死亡,而在沸水中,枯草芽孢杆菌的芽孢可存活 1 h,破伤风芽孢杆菌的芽孢可存活 3 h,肉毒梭状芽孢杆菌的芽孢可存活 6 h。一般在 121℃条件下,需 15~20 min 才能杀死芽孢。细菌的营养细胞在 5％石炭酸溶液中很快死亡,芽孢却能存活 15 d。芽孢抗紫外线的能力一般要比营养细胞强一倍,而巨大芽孢杆菌芽孢的抗辐射能力要比大肠杆菌营养细胞强 36 倍。因此在微生物实验室或工业发酵中常以是否杀死芽孢作为杀菌指标。

芽孢的休眠能力也是十分惊人的,在休眠期间,代谢活力极低。一般的芽孢在普通条件下可存活几年至几十年。有些湖底沉积土中的芽孢杆菌经 500~1 000 年后仍有活力,还有经 2 000 年甚至更长时间仍保持生命力的芽孢。

3. 细菌的繁殖

(1) 细菌生长繁殖的条件

① 充足的营养

细菌从周围环境中吸收作为代谢活动所必需的有机或无机化合物称为营养物质。这些营养物质有两方面作用:一是用于组成细菌细胞的各种成分;二是供给细菌新陈代谢中所需能量。各类细菌对营养物质的要求差别很大。其主要营养元素包括水、碳源、氮源、无机盐和生长因子等。

a) 水:细菌湿重的 80％~90％ 为水。细菌代谢过程中所有的化学反应、营养的吸收和渗透、分泌、排泄均需有水才能进行。

b) 碳源:各种无机或有机的含碳化合物($CO_2$、碳酸盐、糖、脂肪等)都能被细菌吸收利用,既可作为合成菌体所必需的原料,同时又可作为细菌代谢的主要能量来源。致病性细菌主要从糖类中获得碳,其中己糖是组成细菌内多糖的基本成分,戊糖则参与细菌核酸组成。

c) 氮源:从分子态氮到复杂的含氮化合物都可被不同的细菌利用。但多数病原菌是利用有机氮化物如氨基酸、蛋白胨作为氮源。少数细菌(如固氮菌)能以空气中的游离氮或无机氮如硝酸盐、铵盐等作为氮源,主要用于合成菌体细胞质及其他结构成分。

d) 无机盐:钾、钠、钙、镁、硫、磷、铁、锰、锌、钴、铜、钼等是细菌生长代谢中所需的无机盐成分。除磷、钾、钠、镁、硫、铁需要量较多外,其他只需微量。各类无机盐的作用是:构成菌体成分;调节菌体内外渗透压;促进酶的活性或作为某些辅酶组分;某些元素与细菌的生长繁殖及致病作用密切相关。

e) 生长因子:很多细菌在其生长过程中还需要一些自身不能合成的化合物,这类化合物称为生长因子。生长因子必须从外界得以补充,其中包括维生素、某些氨基酸、脂质、嘌呤、嘧啶等。

根据细菌对营养物质需要的不同,可将细菌分为两大营养类型:

a) 自养菌:能以简单的无机碳化物、氮化物作为碳源、氮源,合成细菌体所需的大分子,其能量来自无机化合物的氧化,也可通过光合作用而获得,如固氮菌。

b) 异养菌:不能以无机碳化合物作为唯一的碳源,必须利用有机物如糖类、蛋白质、蛋白胨和氨基酸作为碳源和氮源,仅有少数异养菌能利用无机氮化物。

所有的致病菌都是异养菌。异养菌包括腐生菌和寄生菌两类。腐生菌以无生命的有机物作为营养物质;寄生菌寄生于活的动植物体内,从宿主体内的有机物中获得营养。

细菌的细胞壁和细胞膜都具有半透性,只能使水分和小分子溶质透过,而大分子蛋白质、多糖、脂质需经细菌的胞外酶,将其水解成小分子物质后,菌体才能吸收转运。营养物质吸收转运进入菌体的方式有自由扩散、促进扩散、主动运输、基团转移。

② 适宜的温度

微生物生长的温度范围较广,在 −12～100℃ 均可生长,但对每一种微生物来讲,只在一定的温度范围内生长。各种微生物都有其生长繁殖的最低生长温度、最适生长温度和最高生长温度。在生长温度这三基点内,微生物都能生长,但生长速率不一样,只有处在最适生长温度时,生长速度才最快,代时最短。微生物按其最适生长温度范围可分为嗜冷微生物、嗜温微生物和嗜热微生物。

嗜冷微生物,其生长温度范围在 −10～20℃,最适生长温度为 15℃ 或以下,它们常分布在地球两极地区的水域和土壤中。嗜温微生物,最适生长温度在 20～45℃,最低生长温度 10～20℃,最高生长温度 40～45℃,它们又可分为室温型(25℃)和体温型(37℃),是绝大多数微生物所属的一类。嗜热微生物其适于在 45～50℃ 以上的温度中生长,在自然界中的分布仅局限于某些地区,如温泉、日照充足的土壤表面、堆肥、发酵饲料等腐烂有机物中。

③ 合适的酸碱度

在细菌的新陈代谢过程中,酶的活性在一定的 pH 范围才能发挥。多数病原菌最适 pH 为中性或弱碱性(pH 7.2～7.6)。人类血液、组织液 pH 为 7.4,细菌极易生存。胃液偏酸,绝大多数细菌可被杀死。个别细菌在碱性条件下生长良好,如霍乱弧菌在 pH 8.4～9.2 时生长最好;也有的细菌最适 pH 偏酸,如结核杆菌(pH 6.5～6.8)、乳酸杆菌(pH 5.5)。细菌代谢过程中分解糖产酸,从而使 pH 下降,影响了细菌的生长,所以培养基中应加入缓冲剂,保持 pH 的稳定。

④ 必要的气体环境

氧的存在与否和生长有关,有些细菌仅能在有氧条件下生长,有的只能在无氧环境下生长,而大多数病原菌在有氧及无氧的条件下均能生存。

根据细菌代谢时对分子氧的需要与否,可以分为四类:

a）专性需氧菌：仅能在有氧环境下生长。如结核分枝杆菌、霍乱弧菌。

b）微需氧菌：在低氧压（5％～6％）下生长最好，氧浓度＞10％对其有抑制作用。如空肠弯曲菌、幽门螺杆菌。

c）兼性厌氧菌：兼有需氧呼吸和无氧发酵两种功能，不论在有氧或无氧环境中都能生长。大多数病原菌属于此。

d）专性厌氧菌：只能在无氧环境中进行发酵。有游离氧存在时，不但不能利用分子氧，而且还能受其毒害，甚至死亡。如破伤风梭菌、脆弱类杆菌。

（2）细菌生长繁殖的方式和规律

① 细菌个体生长繁殖的方式

细菌是以简单的二分裂方式进行无性繁殖的。其突出的特点为繁殖速度极快。细菌分裂倍增的必需时间，称为代时，细菌的代时决定于细菌的种类又受环境条件的影响，细菌代时一般为 20～30 min，个别菌较慢，如结核杆菌代时为 18～20 h，梅毒螺旋体为 33 h。球菌可从不同平面分裂，分裂后形成不同方式排列。杆菌则沿横轴分裂。细菌分裂时，细胞首先增大，核质体复制，接着细胞中部的细胞膜由外向内陷入，逐渐伸展，形成横隔，最后细胞壁沿横隔内陷，整个细胞分裂成两个子代细胞，如图 4-6 所示。

一个细菌细胞含有单一的DNA环

DNA被复制

形成新的细胞

一个细菌分裂成两个细菌

图 4-6 细菌二分裂过程模式图

② 细菌群体生长繁殖规律

细菌繁殖速度之快是惊人的。大肠杆菌的代时为 20 min，以此计算，在最佳条件下 8 h 后，1 个细胞可繁殖到 200 万个以上，10 h 后可超过 10 亿个，24 h 后，细菌繁殖的数量可庞大到难以计数的程度。但实际上，由于细菌繁殖中营养物质的消耗，毒性产物的积聚及环境 pH 的改变，细菌绝不可能始终保持原速度无限增殖，经过一定时间后，细菌活跃增殖的速度逐渐减慢，死亡细菌逐增、活菌率逐减。

将一定数量的细菌接种适当培养基后，研究细菌生长过程的规律，以培养时间为横坐标，培养物中活菌数的对数为纵坐标，可得出一条生长曲线，如图 4-7 所示。

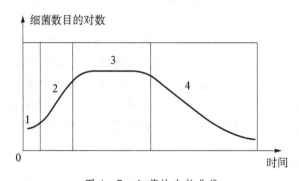

图 4-7 细菌的生长曲线

1.调整期　2.对数期　3.稳定期　4.衰亡期

a）调整期：又称迟缓期，细菌接种至培养基后，对新环境有一个短暂适应过程（不适应者可因转种而死亡）。此期曲线平坦稳定，因为细菌繁殖极少。迟缓期长短因菌种、接种菌量、菌龄以及营养物质等不同而异，一般为 $1\sim4$ h。此期细菌体积增大，代谢活跃，为细菌的分裂增殖合成、储备充足的酶、能量及中间代谢产物。

b）对数期：又称指数期，此期活菌数呈直线上升。细菌以稳定的几何级数极快增长，可持续几小时至几天不等（视培养条件及细菌代时而异）。此期间，细菌形态、染色、生物活性都很典型，对外界环境因素的作用敏感，因此研究细菌性状以此期细菌最好。抗生素作用，对该时期的细菌效果最佳。

c）稳定期：该期的生长菌群总数处于平坦阶段，但细菌群体活力变化较大。由于培养基中营养物质消耗、毒性产物（有机酸、$H_2O_2$ 等）积累和 pH 下降等不利因素的影响，细菌繁殖速度渐趋下降，相对细菌死亡数开始逐渐增加，此期细菌增殖数与死亡数渐趋平衡，细菌形态、染色、生物活性可能出现改变，并产生相应的代谢产物如外毒素、内毒素、抗生素以及芽孢等。

d）衰亡期：随着稳定期发展，细菌繁殖越来越慢，死亡菌数明显增多。活菌数与培养时间呈反比关系，此期细菌变长、肿胀或畸形衰变，甚至菌体自溶，难以辩认其形，生理代谢活动趋于停滞。所以在陈旧的培养物上难以鉴别细菌。

**4. 细菌生长繁殖的结果**

（1）细菌在固体培养基上生长繁殖的结果

单个或少数细菌细胞生长繁殖后，在固体培养基上会形成以母细胞为中心的一堆肉眼可见、有一定形态构造的子细胞群体，称之为菌落。

菌落特征包括菌落的大小、形状、边缘、光泽、质地、颜色和透明程度等。每一种细菌在一定条件下形成固定的菌落特征。不同种或同种在不同的培养条件下，菌落特征是不同的。这些特征对菌种识别、鉴定有一定意义。如图 4-8 所示。

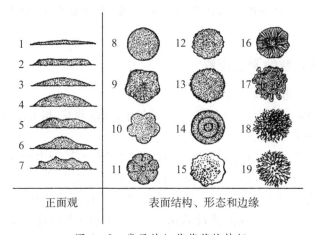

图 4-8 常见的细菌菌落的特征

1-扁平；2-隆起；3-低凸起；4-高凸起；5-脐状；6-草帽状；7-乳头状表面结构；8-圆形，边缘整齐；9-不规则，边缘波状；10-不规则；11-规则，放射状，边缘花瓣形；12-规则，边缘整齐，表面光滑；13-规则，边缘齿状；14-规则，有同心环，边缘完整；15-不规则似毛毡状；16-规则似菌丝状；17-不规则，卷发状，边缘波状；18-不规则，丝状；19-不规则，根状细菌形成的菌落小；个体之间充满着水分，所以整个菌落显得湿润，易被接种环挑起；球菌形成隆起的菌落；有鞭毛细菌常形成边缘不规则的菌落；具有荚膜的菌落表面较透明，边缘光滑整齐；有芽孢的菌落表面干燥皱褶；有些能产生色素的细菌菌落还显出鲜艳的颜色。根据细菌菌落表面特征不同，可将菌落分为三型，即光滑型（S 型）菌落、粗糙型（R 型）、黏液型（S）菌落。

（2）细菌在液体培养基中的生长繁殖结果

大多数细菌生长后使液体培养基浑浊，少数链状排列的细菌如链球菌、炭疽芽孢杆菌在液体培养基中产生沉淀，专性需氧菌如枯草芽孢杆菌、结核分枝杆菌和铜绿假单胞菌在液体培养基表面产生菌膜。

（3）细菌在半固体培养基中的生长结果

半固体培养基用于观察细菌的动力，有鞭毛的细菌除了在穿刺接种的穿刺线上生长外，还在穿刺线的两侧均可见羽毛状或云雾状浑浊生长，称为动力阳性。而无鞭毛的细菌只沿穿刺线呈明显的线状生长，称为动力试验阴性。如图 4-9 所示。

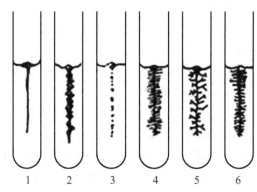

图 4-9　细菌在半固体培养基上的生长特征

1.线状（丝状）　2.乳突状　3.珠状　4.绒毛状　5.根状　6.羽毛状

## 二、细菌菌落总数的测定流程

1. 菌落总数的概念及检验意义

菌落总数是指食品检样经过处理，在一定条件下（如培养基、培养温度和培养时间等）培养后，所得每 g(mL)检样中形成的微生物菌落总数。

菌落总数的测定是用来判定食品被细菌污染的程度及其卫生质量，它反映食品在生产加工过程中是否符合卫生要求，以便对被检食品做出适当的安全性评价。菌落总数的多少标志着食品卫生质量的优劣。所以，食品标准中通常都有菌落总数的限量规定。通常采用平板菌落计数法（又称标准平板活菌计数法，简称 SPC 法）进行计数，这是最常用的一种活菌计数法。

国内外菌落总数测定方法基本一致，从检样处理、稀释、倾注平皿到计数报告无任何明显不同，只是在某些具体要求方面稍有差别。我国是根据 GB 4789.2－2010《食品安全国家标准　食品微生物学检验　菌落总数测定》对各类食品进行相关检验的。

### 2. 细菌菌落总数测定的基本流程

菌落总数的测定,一般是将被检样品制成几种不同的以 10 倍递增的稀释液,从每种稀释液中分别取出 1 mL 置于灭菌平皿中与平板计数琼脂培养基混合,在 36±1℃培养 48±2 h(水产品应在 30±1℃培养 72±3 h),记录每个平皿中形成的菌落数量,依据稀释倍数,计算出每克(或每毫升)原始样品中所含菌落总数。一般流程如图 4-10 所示。

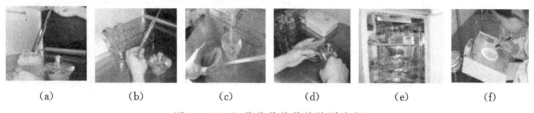

(a)　　　　(b)　　　　(c)　　　　(d)　　　　(e)　　　　(f)

图 4-10　细菌菌落总数的检测流程

(a) 检样　(b) 10 倍系列稀释　(c) 接种　(d) 倒培养基　(e) 培养　(f) 计数

（1）检样

食品的样品分为固态和液态(包括半固态)两类。以无菌操作(如图 4-11 所示)称取固态样品 25 g 置于盛有 225 mL 0.85%灭菌生理盐水的无菌均质杯中,以 8 000～10 000 r/min 均质 1～2 min;或称取 25 g 样品放入无菌均质袋中,再加入 225 mL 稀释液,用拍击式均质器拍打 1～2 min,制成 1:10 的样品匀液。液态(半固态)样品以无菌吸管吸取 25 mL 样品置于盛有 225 mL 0.85%灭菌生理盐水的无菌锥形瓶或广口瓶(瓶内预置适当数量的无菌玻璃珠)中,充分混匀,制成为 1:10 的样品匀液。

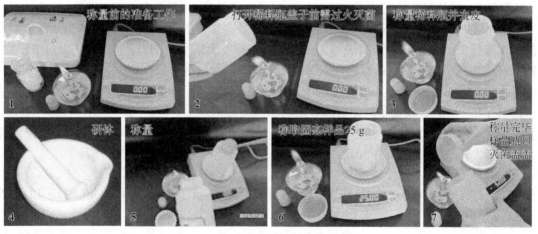

图 4-11　样品称量

（2）10 倍系列的稀释

用灭菌吸管吸取 1 mL 1:10 稀释液,沿管壁缓慢注于盛有 0.85% 9 mL 灭菌生理盐水的无菌试管内,振摇试管使其混合均匀,制成 1:100 的样品均匀。

按上述操作顺序,依次制备 10 倍系列稀释样品匀液,如图 4-12 所示。如此每递增稀释一次,换用 1 支 1 mL 无菌吸管。

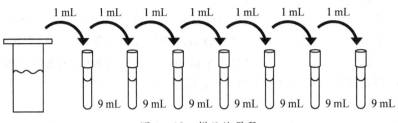

1 mL  1 mL  1 mL  1 mL  1 mL  1 mL  1 mL

9 mL  9 mL  9 mL  9 mL  9 mL  9 mL  9 mL

图 4-12  样品的稀释

(3) 接种与倒培养基

细菌菌落总数测定所用的接种方法是倾注接种,所用的培养基为平板计数琼脂培养基,其成分和作用见表 4-1。

表 4-1  平板计数琼脂培养基成分和作用

| 成　分 | 作　用 | 成　分 | 作　用 |
|---|---|---|---|
| 胰蛋白胨 | 氮源 | 酵母浸膏 | 氮源、维生素、氨基酸、生长因子 |
| 葡萄糖 | 碳源 | 琼脂 | 凝固剂 |
| 蒸馏水 | 溶剂 | | |
| pH | | $7.0\pm0.2$ | |
| 细菌在此培养基生长情况 | | 光滑、湿润、常带黏性,白色或粉红色 | |

具体操作如下:

① 根据对样品污染状况的估计,选择 2~3 个适宜稀释度的样品匀液(液体样品可包括原液),在进行 10 倍递增稀释时,吸取 1 mL 样品匀液于无菌平皿内,每个稀释度做两个平皿。同时,分别吸取 1 mL 空白稀释液加入两个无菌平皿内作空白对照。

② 及时将 15~20 mL 冷却至 46℃的平板计数琼脂培养基(可放置于 46±1℃恒温水浴箱中保温)倾注平皿,并转动平皿使其混合均匀。

图 4-13  恒温培养箱

应注意的是从制备样品匀液到样品接种完毕,全过程不得超过 15 min。

(4) 培养

待琼脂凝固后,将平板翻转,置于 36±1℃培养箱(图 4-13)培养 48±2 h(水产品 30±1℃培养 72±3 h)。

如果样品中可能含有在琼脂培养基表面弥漫生长的菌落时,可在凝固后的琼脂表面覆盖一薄层琼脂培养基(约 4 mL),凝固后再翻转平板,按上述条件进行培养。

(5) 计数

可用肉眼观察,必要时用放大镜或菌落计数器(见图 4-14),记录稀释倍数和相应的菌落数量。菌落计数以菌落形成单位(colony-forming units,CFU)表示。

① 选取菌落数在 30~300 CFU、无蔓延菌落生长的平板计数菌

落总数。低于 30 CFU 的平板记录具体菌落数,大于 300 CFU 的可记录为多不可计。每个稀释度的菌落数应采用两个平板的平均数。

② 其中一个平板有较大片状菌落生长时,则不宜采用,而应以无片状菌落生长的平板作为该稀释度的菌落数;若片状菌落不到平板的一半,而其余一半中菌落分布又很均匀,即可计算半个平板后乘以 2,代表一个平板菌落数。

③ 当平板上出现菌落间无明显界线的链状生长时,则将每条单链作为一个菌落计数。

(6) 计算方法

① 若只有一个稀释度平板上的菌落数在适宜计数范围内,计算两个平板菌落数的平均值,再将平均值乘以相应稀释倍数,作为每 g(mL)样品中菌落总数结果。

② 若有两个连续稀释度的平板菌落数在适宜计数范围内时,按如下公式计算:

$$N = \sum C \big/ (n_1 + 0.1n_2)d$$

式中:

$N$——样品中菌落数;

$C$——平板(含适宜范围菌落数的平板)菌落数之和;

$n_1$——第一稀释度(低稀释倍数)平板个数;

$n_2$——第二稀释度(高稀释倍数)平板个数;

$d$——稀释因子(第一稀释度)。

③ 若所有稀释度的平板上菌落数均大于 300 CFU,则对稀释度最高的平板进行计数,其他平板可记录为多不可计,结果按平均菌落数乘以最高稀释倍数计算。

④ 若所有稀释度的平板菌落数均小于 30 CFU,则应按稀释度最低的平均菌落数乘以稀释倍数计算。

⑤ 若所有稀释度(包括液体样品原液)平板均无菌落生长,则以小于 1 乘以最低稀释倍数计算。

⑥ 若所有稀释度的平板菌落数均不在 30～300 CFU,其中一部分小于 30 CFU 或大于 300 CFU 时,则以最接近 30 CFU 或 300 CFU 的平均菌落数乘以稀释倍数计算。

(7) 报告方法

① 菌落数小于 100 CFU 时,按"四舍五入"原则修约,以整数报告。

② 菌落数大于或等于 100 CFU 时,第 3 位数字采用"四舍五入"原则修约后,取前 2 位数字,后面用 0 代替位数;也可用 10 的指数形式来表示,按"四舍五入"原则修约后,采用两位有效数字。

③ 若所有平板上为蔓延菌落而无法计数,则报告菌落蔓延。

④ 若空白对照上有菌落生长,则此次检测结果无效。

⑤ 称重取样以 CFU/g 为单位报告,体积取样以 CFU/mL 为单位报告。

## 三、细菌菌落总数测定的注意事项

1. 所用器皿、试剂、培养基

① 检验中所用玻璃器皿,如培养皿,吸管、试管、移液器的吸头等必须是完全灭菌的,并在灭菌前彻底洗涤干净,不得残留有抑菌物质。试剂、培养基也需事先彻底灭菌。

② 用作样品稀释的液体,每批都要有空白对照。如果在琼脂对照平板上出现几个菌落时,要查找原因,比如可通过追加对照平板,来判定是空白稀释液,用于倾注平皿的培养基,还是平皿、吸管或空气可能存在污染。

③ 检样的稀释液一般用灭菌生理盐水,如果对含盐量较高的食品(如酱品等)进行稀释,则宜用蒸馏水。检验醋时用 20%~30% 碳酸钠调 pH 至中性。

**2. 检样的稀释**

① 从吸管筒内取出灭菌吸管时,不要将吸管尖端触及其他仍留在容器内的吸管的外露部分。吸管在进出装有稀释液的玻璃瓶和试管时,也不要触及瓶口及试管口的外侧部分,因为这些部分都可能接触过手或其他沾污物。当用吸管将检样稀释液加至另一支装有 9 mL 稀释液的试管内时,应小心沿管壁加入,不要触及管内稀释液,以防吸管尖端外侧部分黏附的检液也混入其中。

② 对吸管体积的要求是取 1 mL 的样品匀液,使用的吸管的最小刻度应该不低于 0.1 mL。

**3. 接种与培养**

① 在作 10 倍递增稀释的同时,即以吸取该稀释度的吸管移 1 mL 稀释液加入平皿内(从平皿内侧加入,不要揭去平皿盖),最后将吸管直立使液体流毕。每个稀释度应作 2 个平皿。

② 用于倾注平皿的平板计数培养基应预先加热使其融化,并保温于 45±1℃ 恒温水浴中待用。温度太高会影响细菌生长,太低培养基易凝固不能与检液充分混匀。倾注平皿时,每皿内倾入约 15 mL,平板过厚会影响观察,太薄又易干裂,最后将培养基底部带有沉淀的部分弃去。为了防止细菌增殖及产生片状菌落,在检液加入平皿后,应尽快倾注培养基并旋转混匀,可正反两个方向旋转。待琼脂凝固后,在数分钟内即应将平皿翻转予以培养,这样可避免菌落蔓延生长。

③ 为了控制污染,需做空白对照实验,以了解检样在检验操作过程中有无受到污染。

④ 培养温度,应根据食品种类而定。一般用 36℃ 培养,培养温度和时间有不同的区分,是因为在制定这些食品卫生标准中关于菌落总数的规定时,分别采用了不同的温度和培养时间所取得的数据,由于水产品来自淡水或海水,水的温度较低,因而制定水产品细菌方面的卫生标准时,是用 30℃ 作为培养温度。

⑤ 加入平皿内的检样稀释液(特别是 $10^{-1}$ 的稀释液),有时带有食品颗粒,在这种情况下,为了避免与细菌菌落发生混淆,可做一检样稀释液与琼脂混合的平皿,不经培养,而于 4℃ 环境中放置,以便在计数检样菌落时用作对照。

**4. 菌落计数与报告**

到达规定培养时间,应立即计数。如果不能立即计数,应将平板放置于 0~4℃,但不得超过 24 h。从恒温箱内取出平皿进行菌落计数时,应先分别观察同一稀释度的两个平皿和不同稀释度的几个平皿内平板上菌落生长情况。平行试验的 2 个平板与菌落数应该接近,不同稀释度的几个平板上菌落数则应与检样稀释倍数成反比,即检样稀释倍数越大,菌落数越低,稀释倍数越小,菌落数越高。如果稀释度大的平板上菌数反比稀释度小的平板上菌落数高,则可能是检验工作中发生的差错,属实验室事故。

◇◇◇◇◇◇◇◇◇◇◇◇◇◇◇◇◇◇◇ **思考与训练** ◇◇◇◇◇◇◇◇◇◇◇◇◇◇◇◇◇◇◇

1. 什么是菌落? 有鞭毛的细菌菌落有什么特点?

2. 细菌有哪些特殊结构？各有什么作用？

3. 细菌生长繁殖的规律有何特点？

4. 细菌生长繁殖需要哪些条件？

5. 细菌的菌落特征是怎样的？

6. 测定菌落总数所需的培养基、试剂、设备有哪些？

# 任务二　大肠菌群的测定

## 任务描述 ◎

1. 知道大肠菌群的生长特性。
2. 知道大肠菌群的检验流程。
3. 会正确地进行食品中大肠菌群的测定。
4. 会对食品中大肠菌群做出正确判定和报告。

## 相关知识 ◎

### 一、大肠菌群概述

**1. 大肠菌群的定义**

大肠菌群是一群在一定培养条件下(37℃,24 h)能发酵乳糖、产酸产气的需氧和兼性厌氧的革兰氏阴性无芽孢杆菌。如图 4-14 所示。

**2. 大肠菌群的生物学特性**

(1) 形态与染色:革兰氏染色阴性,无芽孢杆菌。

(2) 发酵乳糖和产酸产气。

(3) 培养特性:在 EMB 琼脂上的典型菌落:呈深紫黑色或中心深紫色,圆形,稍凸起,边缘整齐,表面光滑,常有金属光泽。如图 4-15 所示。

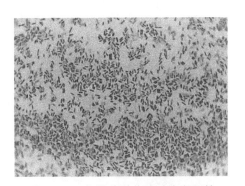

图 4-14　大肠菌群革兰氏染色阴性

图 4-15　大肠菌群在 EMB 琼脂上

**3. 革兰氏阳性菌与革兰氏阴性菌**

自然界存在多种多样细菌,如何将这些细菌加以鉴别、区分呢? 革兰氏染色法能够把细菌分为两大类,即革兰氏阳性菌(G⁺)和革兰氏阴性菌(G⁻)。这种染色方法是先用结晶紫初染 1 min,所有细菌都被染成了紫色,然后涂以碘液媒染 1 min,来加强染料与菌体的结合,再用 95% 的酒精脱色 20~30 s,有些细菌不被脱色,仍保留紫色,有些细菌被脱色变成无色,最后用番红复染 1 min,结果已被脱色的细菌被染成红色,而未被脱色的细菌仍然保持紫色,不再着色。这样,凡被染成紫色的细菌称为革兰氏阳性菌($G^+$),染成红色的称为革兰氏阴性菌($G^-$)。产生这样结果的原因是由于两类细菌的细胞壁结构和成分不同,如表4-2、图4-16所示。

表4-2  $G^+$ 和 $G^-$ 细胞壁化学组成及结构比较

| 细菌类群 | 壁厚度(nm) | 肽聚糖 | | | 磷壁酸 | 蛋白质(%) | 脂多糖 | 脂肪(%) |
| --- | --- | --- | --- | --- | --- | --- | --- | --- |
| | | 含量(%) | 层次 | 网格结构 | | | | |
| $G^+$ | 20~80 | 40~90 | 单层 | 紧密 | + | 约20 | − | 1~4 |
| $G^-$ | 10 | 5~10 | 多层 | 疏松 | − | 约60 | + | 11~22 |

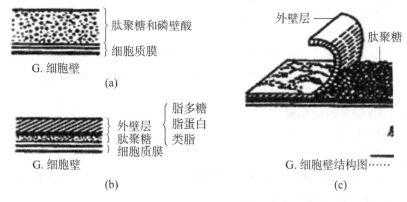

图4-16  细菌细胞壁的结构图

(a) 革兰氏阳性菌的细胞壁  (b) 革兰氏阴性菌的细胞壁  (c) 革兰氏阴性菌细胞壁的图解

常见的革兰氏阳性菌有葡萄球菌、链球菌、肺炎双球菌、炭疽杆菌、白喉杆菌、破伤风杆菌等;常见的革兰氏阴性菌有痢疾杆菌、伤寒杆菌、大肠杆菌、变形杆菌、绿脓杆菌、百日咳杆菌、霍乱弧菌及脑膜炎双球菌等。

**4. 大肠菌群检测的意义**

大肠菌群是人和动物肠道中的正常微生物区系,并且只存在于人和动物肠道中。大肠菌群在自然界广泛存在,其主要原因是人、畜粪便对外界环境的污染。大肠菌群细菌多存在于温血动物粪便、人类经常活动的场所以及有粪便污染的地方,粪便中多以典型大肠杆菌为主,而外界环境中则以大肠菌群其他型别较多。

(1)大肠菌群是作为粪便污染指标菌,主要是以该菌群的检出情况来表示食品中有否粪便污染。大肠菌群数的高低,表明了粪便污染的程度,也反映了对人体健康危害性的大小。大肠菌群通常与动物肠道病原菌(如沙门氏菌、志贺氏菌等)同时存在,只是数量不同。因而食品中有粪便污染,则可以推测该食品中存在着肠道致病菌污染的可能性,潜伏着食物中毒和流行病的威胁,必须看作对人体健康具有潜在的危险性。

(2)大肠菌群是评价食品卫生质量的重要指标之一,目前已被国内外广泛应用于食品卫生工作中。

我国是根据 GB 4789.2-2010《食品安全国家标准  食品微生物学检验  大肠菌群测定》对各类食品进行相关检验的。该国标中包括了大肠菌群测定的两种方法,即第一法《大肠菌群

MPN 计数法》和第二法《大肠菌群平板计数法》。第一法适用于大肠菌群含量较低而杂菌含量较高的食品中大肠菌群的计数,第二法适用于大肠菌群含量较高的食品中大肠菌群的计数。一般先采用国标中的第一法进行测定。

## 二、大肠菌群 MPN 计数法(第一法)的测定流程

大肠菌群 MPN 计数法的基本检验流程如图 4-17 所示。

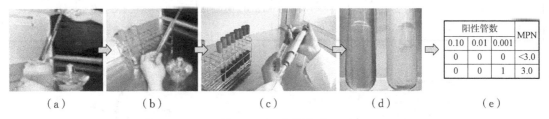

| 阳性管数 | | | MPN |
|------|------|-------|-----|
| 0.10 | 0.01 | 0.001 | |
| 0 | 0 | 0 | <3.0 |
| 0 | 0 | 1 | 3.0 |

(a)　　　　　　　(b)　　　　　　　　(c)　　　　　　　　(d)　　　　　　　(e)

图 4-17　流程描述

(a) 检样　(b) 10 倍系列稀释　(c) 初发酵　(d) 复发酵　(e) 查 MPN 表

### 1. 检样与 10 倍系列的稀释

参见本项目任务一。

### 2. 初发酵试验

大肠菌群初发酵所采用的接种方法是液体接种法,所用的培养基为月桂基硫酸盐胰蛋白胨(LST)肉汤,其成分和作用见表 4-3。

表 4-3　LST(月桂基硫酸盐胰蛋白胨)培养基成分和作用

| 成分 | 作用 | 成分 | 作用 |
|------|------|------|------|
| 胰蛋白胨 | 氮源 | 磷酸氢二钾 | 缓冲剂 |
| 乳糖 | 碳源 | 磷酸二氢钾 | 缓冲剂 |
| 月桂基硫酸钠 | 抑菌剂 | 氯化钠 | 调节菌体内外的渗透压 |
| 蒸馏水 | 溶剂 | | |
| pH | | 6.8±0.2 | |
| 大肠菌群在培养基生长情况 | | 产气者为大肠菌群阳性 | |

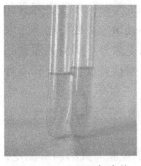

图 4-18　LST 发酵管

具体操作如下:

　　每个样品,选择 3 个适宜的连续稀释度的样品匀液(液体样品可以选择原液),每个稀释度均接种 3 管月桂基硫酸盐胰蛋白胨(LST)肉汤,每管接种 1 mL(如接种量超过 1 mL,则用双料 LST 肉汤)。将所有发酵管标识好样品编号、接种量、日期后,置于 36±1℃培养 24±2 h,观察倒管内是否有气泡产生,24±2 h 产气者进行复发酵试验,如未产气则继续培养至 48±2 h,产气者进行复发酵试验,未产气者为大肠菌群阴性。如图 4-18 所示。

### 3. 复发酵试验

大肠菌群复发酵所用的接种方法是浸洗接种法，所用的培养基为煌绿乳糖胆盐（BGLB）肉汤，其成分和作用见表 4-4。

表 4-4　BGLB（煌绿乳糖胆盐肉汤）培养基成分和作用

| 品种 | 作用 | 品种 | 作用 |
|---|---|---|---|
| 蛋白胨 | 氮源 | 0.1%煌绿水溶液 | 抑菌剂 |
| 乳糖 | 碳源 | 蒸馏水 | 溶剂 |
| 牛胆粉溶液 | 抑菌剂 | | |
| pH | | 7.2±0.1 | |
| 大肠菌群在培养基生长情况 | | 产气者为大肠菌群阳性 | |

具体操作如下：

用接种环从产气的 LST 肉汤管中取出培养物 1 环，移接于煌绿乳糖胆盐（BGLB）肉汤管中，36±1℃培养 48±2 h，观察产气情况。产气者，计为大肠菌群阳性管。

大肠菌群在 BGLB 中经 48±2 h 培养后，在倒扣的小套管中有气体产生（或沿管壁有细小气泡）为大肠菌群阳性。如图 4-19 所示。

图 4-19　BGLB 发酵管

### 4. 大肠菌群最可能数（MPN）的报告

最大或然数（most probable number, MPN）计数又称稀释培养计数，适用于测定在一个混杂的微生物群落中虽不占优势，但却具有特殊生理功能的类群。

其特点是利用待测微生物的特殊生理功能的选择性来摆脱其他微生物类群的干扰，并通过该生理功能的表现来判断该类群微生物的存在。

MPN 计数应注意两点，一是菌液稀释度的选择要合适，其原则是最低稀释度的所有重复都应有菌生长，而最高稀释度的所有重复无菌生长。对土壤样品而言，分析每个生理群的微生物需 5~7 个连续稀释液分别接种，微生物类群不同，其起始稀释度不同；二是每个接种稀释度必须有重复，重复次数可根据需要和条件而定，一般 2~5 个重复，个别也有采用 2 个重复的，但重复次数越多，误差就会越小，相对地说结果就会越准确。不同的重复次数应按其相应的最大或然数表计算结果。

在大肠菌群检测中是按发酵确证的大肠菌群 LST 阳性管数，检索 MPN 表（见附录），报告每 g（mL）样品中大肠菌群的 MPN 值。

## 三、大肠菌群 MPN 计数法测定的注意事项

### 1. 所用器皿、试剂、培养基

检验中所用玻璃器皿，如培养皿、吸管、试管、移液器的吸头等必须是完全灭菌的，并在灭菌前彻底洗涤干净，不得残留有抑菌物质。同样，试剂、培养基必须事先彻底灭菌。

2. 检样的稀释

参见任务一。

3. 接种与培养

初发酵接种时双料管 LST 肉汤中的接种量<1 mL,单料管 LST 肉汤中的接种量≤1 mL。从吸管筒内取出灭菌吸管时,不要将吸管尖端触及其他仍留在容器内的吸管的外露部分;而且吸管在进出装有稀释液的玻璃瓶、试管以及 LST 肉汤发酵管时,也不要触及瓶口及试管口的外侧部分。当用吸管将检样稀释液移入稀释液的试管和 LST 肉汤发酵管内时,应小心沿管壁加入,不要触及管内稀释液,以防吸管尖端外侧部分黏附的检液也混入其中。当检样稀释液移入 LST 肉汤发酵管后,不得振荡试管,因为试管中放有小倒管,若是振荡,会造成小倒管中产生气泡,造成对结果的误判。初发酵培养 24±2 h 时,应取出观察产气情况,产气者直接进行复发酵实验,未产气者继续培养至 48±2 h,再进行观察。

复发酵接种时需用接种环进行接种,接种前接种环需将全部金属丝经火焰灼烧,可一边转动接种柄一边缓慢地来回通过火焰三次,使接种环在火焰上充分烧红,必要时还要烧到环与杆的连接处。冷却,先接触一下需接种的 LST 肉汤发酵管内壁,待接种环冷却到室温后,方可从中挑取含菌材料或菌。接种后,将接种环从柄部至环端逐渐通过火焰灭菌。不要直接烧环,以免残留在接种环上的菌体爆溅而污染环境。复发酵培养 48±2 h,观察产气情况,产气者为大肠菌群阳性,未产气者为大肠菌群阴性。

## 思考与训练

1. 微生物接种时的注意事项有哪些?
2. 比较大肠菌群检测与细菌菌落总数检测的不同之处。
3. 大肠菌群检测为什么要经过两步发酵法?
4. 什么是 MPN 值?
5. 大肠菌群主要由肠杆菌科中哪四个属内的一些细菌所组成的?
6. 简述大肠菌群的特性。
7. 测定大肠菌群所需的培养基、试剂、设备有哪些?
8. 国标中大肠菌群平板计数法的检测步骤是怎样的?

# 任务三 霉菌和酵母菌的测定

## 任务描述

1. 知道霉菌和酵母菌的形态、大小、细胞结构、培养特性。
2. 知道霉菌和酵母菌生长繁殖的过程和结果。
3. 知道食品中霉菌和酵母菌的检验流程。
4. 会正确地进行食品中霉菌和酵母菌的测定。
5. 会对食品中霉菌和酵母菌做出正确判定和报告。

## 相关知识

### 一、认识酵母菌

人类利用酵母菌的历史已有几千年了。早在我国宋代的酿酒著作中,中国人已经明确记载了从发酵旺盛的酒缸液体表面撇取酵母菌的方法,并把它们称为"酵",风干以后制成的"干酵"可以长期保存,这说明早在 800 年前中国人就会制造干酵母。随着对酵母菌认识的加深,酵母菌的用途更加广泛。酵母菌能够使糖类分解成酒精和二氧化碳来获取能量,这也是人类利用酵母菌酿酒和发酵面包的原理。在酿酒过程中,酒精被保留下来;而烤面包或蒸馒头的过程中,二氧化碳将面团发起,酒精则挥发。值得一提的是,酵母菌细胞蛋白质含量高达细胞干重的 50% 以上,并含有人体必需的氨基酸。目前常以发酵工业废弃物,为单细胞蛋白的产品,可作为食品或饲料的蛋白补充物。此外,利用酵母菌菌体,还可提取核酸、蛋白质、维生素、甾醇、辅酶 A、细胞色素 C、凝血类物质为原料发酵制取柠檬酸、反式丁烯二酸、脂肪酸、甘油、甘露醇、酒精等。近年来酵母菌被广泛用于现代生物学研究中,如酿酒酵母菌作为重要的模式生物,也是遗传学和分子生物学的重要研究材料。

有些酵母菌也常给人类带来危害。腐生型酵母菌能使食物、纺织品和其他原料腐败变质,例如红酵母会生长在浴帘或潮湿的家具上;少数嗜高渗酵母菌如鲁氏酵母、蜂蜜酵母等使蜂蜜、果酱败坏;有些发酵工业的污染菌,可消耗酒精、降低产量或产生不良气味,影响产品质量。某些酵母菌可引起人和动植物的病害,如白色假丝酵母(或称白色念珠菌)会生长在湿润的上皮组织中,引起皮肤、黏膜、呼吸道、消化道以及泌尿系统的多种疾病,如鹅口疮、阴道炎等;新型隐球菌可引起慢性脑膜炎、肺炎等疾病。

自然界中酵母菌主要生长在含糖较高偏酸性的环境中,比如水果、蔬菜的表面,果园的土壤中,植物分泌物或果汁中,一些酵母菌生活在昆虫体内。

酵母菌属于真核细胞微生物,与细菌有着本质的不同。凡是细胞核具有核膜,能进行有丝分裂,细胞质中存在完整细胞器的微小生物,统称为真核微生物。真核微生物包括真菌(酵母菌、霉菌)、单细胞藻类、黏菌和原生动物。

1. 酵母菌的基本形态和大小

酵母菌大多为单细胞个体,细胞通常有球形、卵圆形、腊肠形、椭圆形、柠檬形或藕节形等,细胞大小一般为(1～5)μm×(5～30)μm,约为细菌的10倍。有些酵母菌(如热带假丝酵母)进行一连串的芽殖后,长大的子细胞与母细胞并不立即分离,其间仅以狭小的触面相连,这种藕节状的细胞串称为"假菌丝",如图4-20所示。

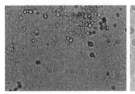
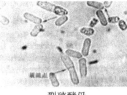

啤酒酵母　　　　球形酵母　　　　　裂殖酵母

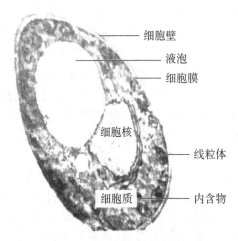

热带假丝酵母　　　　　白假丝酵母

图4-20　酵母菌的形态

细胞壁
液泡
细胞膜
细胞核
线粒体
细胞质
内含物

图4-21　酵母菌的细胞结构图

酵母菌的大小、形态与菌龄、环境有关。一般成熟的细胞大于幼龄的细胞,液体培养的细胞大于固体培养的细胞。有些种的细胞大小、形态极不均匀,而有些种的酵母菌则较为均匀。

**2. 酵母菌细胞的结构与功能**

酵母菌具有典型的真核细胞结构,有细胞壁、细胞膜、细胞核、细胞质、液泡、线粒体等。但无鞭毛,不能游动。如图4-21所示。

细胞中央有一个清晰的细胞核,是其遗传信息的主要储存库,外被核膜包围。细胞中存在着球形、透明的大型液泡一个或多个,具有储藏水解酶类和营养物质,调节细胞渗透压的功能。细胞质中除了具有线粒体、核糖体等细胞器外,还存在着肝糖、脂肪球等储藏颗粒物质。酵母菌的细胞壁较为特殊,具有三层结构——外层为甘露聚糖,内层为葡聚糖,其间夹有一层蛋白质分子,位于内层的葡聚糖是维持细胞壁强度的主要物质。此外,细胞壁上还含有少量类脂和几丁质。

**3. 酵母菌的繁殖**

酵母菌的繁殖方式分无性繁殖和有性繁殖两大类,主要是无性繁殖。无性繁殖包括芽殖、裂殖;有性繁殖主要是产生子囊孢子。

**(1) 无性繁殖**

芽殖是酵母菌无性繁殖的主要方式。成熟的酵母菌细胞,在其一端或多端会长出一个或多个小突起,同时细胞核一分为二,一个留在母细胞内,另一个随母细胞的部分细胞质进入小突起,小突起逐渐长大,形成芽体,芽细胞长到一定程度,脱离母细胞继续生长,然后出芽又形成新个体。周而复始。一个成熟的酵母菌通过出芽繁殖能形成的子细胞是有限的,平均为24个,如图4-22所示。

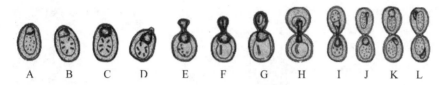

母细胞形成小突起(A~D);核裂(E~G);

原生质分配(H~I);新膜形成(J~K);形成新细胞壁(L)

图4-22  芽殖过程

出芽方式有:单边出芽、两端出芽、三边出芽、多边出芽,如图4-23所示。

单边出芽　　　　两端出芽　　　　三边出芽　　　　多边出芽

图4-23  出芽方式

少数酵母菌细胞与细菌一样,是通过细胞横分裂而繁殖的,称裂殖。裂殖的过程是细胞长到一定大小后,核先分裂,然后在细胞中产生一隔膜,将细胞横分裂为两个具有单核的子细胞,然后分离。在快速生长中,若两个子细胞尚未分开,各又形成一隔膜,如此继续裂殖,就会出现像短链状的酵母细胞,如图4-24所示。

图4-24  裂殖过程

(2)有性繁殖

酵母菌以形成子囊和子囊孢子的方式进行有性繁殖。有的酵母菌如啤酒酵母,生长到一定的阶段,邻近的两个性别不同的细胞各自伸出一根管状的突起,随即相互接触、接触处的细胞壁溶解,并形成一个通道,再经过质配(细胞质融合)、核配(核融合)形成双倍体细胞——接合子,接合子并不直接形成子囊和子囊孢子,而是进行出芽繁殖,因此,酵母菌的单倍体、双倍体都可以独立存在。

在适当的条件下,接合子进行减数分裂,形成4个或8个子核,每一个子核和周围的细胞质一起,在其表面形成孢子壁后就形成子囊孢子,形成子囊孢子的细胞称为子囊(即原来的双倍体细胞)。一般一个子囊可产生4～8个子囊孢子,孢了数目、大小、形状因种而异。子囊孢子的数目和形状是酵母菌鉴定的依据。

4. 酵母菌生长繁殖的结果

酵母菌菌落在我们日常生活中很少见到,那么,我们通过图4-25来认识酵母菌菌落。

啤酒酵母　　　　　　　　　　　　红酵母

图4-25　酵母菌菌落

(1) 固体培养基上酵母菌菌落特征

大多数酵母菌在固体培养基上形成的菌落与细菌相类似,但酵母菌菌落大且厚实,大多为圆形、光滑湿润、呈黏稠状、易被挑起,颜色单调,常见白色、少数呈红色(如红酵母)。如培养时间较长,菌落则可能出现皱缩状,较干燥。菌落的颜色、光泽、质地、表面和边缘特征,均为酵母菌菌种鉴定的依据。

(2) 液体培养基上酵母菌菌落特征

在液体培养基上,不同的酵母菌生长的情况不同。需氧性生长的酵母菌可在培养基表面形成菌膜或菌醭,其厚度因种而异。有的酵母菌在生长过程中始终沉淀在培养基底部。有的酵母菌在培养基中均匀生长,使培养基呈浑浊状态。

## 二、认识霉菌

霉菌是分类学的名词,是丝状真菌的俗称,意即"会引起物品发霉的真菌"。霉菌在自然界分布极为广泛,它们存在于土壤、空气、水体和生物体内外。特别是空气中飘浮着大量霉菌的孢子,它们具有小、轻、干、多的特点,抗逆性强,很容易随气流四处扩散,而且遇到温暖潮湿的适宜环境,孢子就会萌发,形成分支繁茂的菌丝体,进一步在物体上形成肉眼可见的霉斑。霉菌引起粮食、水果、蔬菜等农副产品及各种工业原料、产品、电器、家具、书籍和光学设备的发霉或变质,给人类带来了极大的困扰。各种物品的防霉问题至今仍是人们关心和研究的热点。霉菌还能引起很多农作物的病害,如马铃薯晚疫病、小麦的麦锈病和水稻的稻瘟病等上万种植物病害。不少致病性霉菌可引起人体和动物的病变,如皮肤癣症、各种真菌病等。有些霉菌还产生毒性很强的真菌毒素,使人、畜中毒,严重者引起癌症,黄曲霉毒素就是其中的代表。

霉菌在带给人们烦恼的同时,也成为重要的生物资源,为人类造福。①霉菌在自然界中扮演着重要的分解者的角色。霉菌对有机物的分解能力极强,尤其是能把其他生物难以分解的复杂有机物如纤维素、半纤维素、木质素等彻底分解转化,促进了整个地球生物圈的繁荣发展。

②在工业方面,霉菌具有多方面的用途。霉菌可用于多种产品的发酵生产,如柠檬酸、葡萄糖酸等多种有机酸,淀粉酶、蛋白酶和纤维素酶等多种酶制剂,青霉素、头孢霉素等抗生素,核黄素等维生素,麦角碱等生物碱,真菌多糖和植物生长激素(赤霉素)等。利用某些霉菌对甾族化合物的生物转化生产甾体激素类药物。还可以将霉菌应用于处理污染、生物防治等。③用于酿酒、制酱及酱油等食品的酿造。④作为试验材料应用于生化、遗传、微生物学的研究中。

霉菌在自然界的分布相当广泛,无所不在,而且种类和数量惊人。一般情况下,霉菌在潮湿的环境下易于生长,特别是在偏酸性的基质当中。

### 1. 霉菌的基本形态和大小

霉菌又称发霉的真菌,菌体出分枝或不分枝的菌丝构成。菌丝是一种中空管状结构,大多无色透明,直径约 $2\sim10\ \mu m$。比一般的细菌和放线菌菌丝宽几倍,甚至几十倍。许多分枝菌丝相互交织在一起构成菌丝体。

霉菌菌丝按形态可分为无隔菌丝和有隔菌丝两大类,如图 4 - 26 所示。

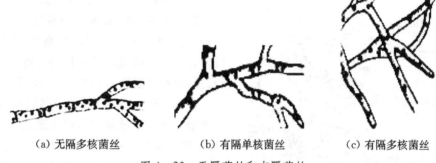

(a) 无隔多核菌丝　　　(b) 有隔单核菌丝　　　(c) 有隔多核菌丝

图 4 - 26　无隔菌丝和有隔菌丝

无隔菌丝的整个菌丝为长管状单细胞,细胞质内含有多个核。其生长过程只表现为菌丝的延长和细胞核的裂殖增多以及细胞质的增加,这是低等真菌所具有的菌丝类型。如根霉、毛霉、犁头霉等。有隔菌丝的菌丝中有隔膜,被隔膜隔开的一段菌丝就是一个细胞,菌丝由多个细胞组成,每个细胞内有一至多个核。隔膜上有单孔或多孔,细胞质和细胞核可自由流通,每个细胞功能相同,这是高等真菌所具有的类型。如青霉、曲霉等。

霉菌在固体基质上生长时,菌丝有所分化。部分菌丝深入基质吸收养料,称为营养菌丝(基质菌丝);向空中伸展的称气生菌丝;气生菌丝可进一步发育为繁殖菌丝(孢子丝),产生孢子,如图 4 - 27 所示。为适应不同的环境条件和更有效地摄取营养,满足生长发育和繁殖的需要,许多霉菌的菌丝体可以转化成一些特殊的组织和结构,如为了吸收营养所分化出吸器、假根、足细胞,为抵御不良环境所分化出的菌核,为产生孢子所转化出的闭囊壳、子囊壳和子囊盘等。图 4 - 28 显示了部分霉菌菌丝体的特化形态。

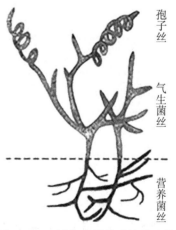

孢子丝

气生菌丝

营养菌丝

图 4 - 27　固体基质着生的菌丝体

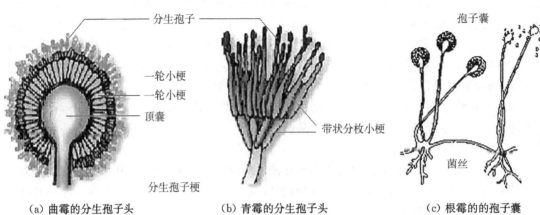

（a）曲霉的分生孢子头　　　　（b）青霉的分生孢子头　　　　（c）根霉的的孢子囊

图 4-28　霉菌菌丝体的特化形态

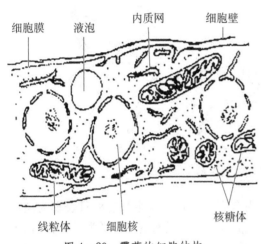

图 4-29　霉菌的细胞结构

**2. 霉菌细胞的结构与功能**

霉菌丝状细胞最外层为厚实、坚韧的细胞壁，其内有细胞膜、细胞质、细胞核（具核膜）、线粒体、核糖体、内质网及各种内含物（肝糖、脂肪滴、异染粒等）等组成，如图 4-29 所示。

幼龄菌往往液泡小而少，老龄菌具有较大的液泡。除少数低等水生霉菌细胞壁含纤维素外，大部分霉菌细胞壁主要由几丁质组成，几丁质为 N-乙酰葡糖胺凭借 $\beta$-1,4-葡萄糖键连接的多聚体，赋予细胞壁坚韧的机械性能。

**3. 霉菌的繁殖**

霉菌的繁殖能力很强，方式多样。除了通过菌丝断片的生长形成新的菌丝体外，主要是通过形成无性或有性孢子来进行繁殖。

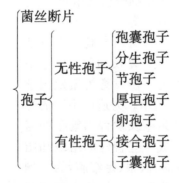

**（1）无性繁殖**

无性繁殖是指不经过两个性细胞的结合，只是由营养细胞分裂或分化而形成同种新个体的过程。所产生的孢子称无性孢子，包括孢囊孢子、分生孢子、节孢子、厚垣孢子等。

孢囊孢子是一种内生孢子，如图 4-30 所示。霉菌的气生菌丝生长到一定阶段，顶端膨大形成特殊囊状结构即为孢子囊，孢子囊逐渐长大，在囊中形成许多核，每一个核外包以原生质并产生细胞壁，形成孢囊孢子。带有孢子囊的梗称孢子囊梗，孢子囊梗伸入孢子囊中的部分叫囊轴或中轴。孢子囊成熟后释放出孢子。例如毛霉、根霉就是以这种方式繁殖的。

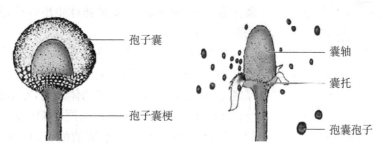

图 4 - 30 孢囊孢子

分生孢子是大多数霉菌进行繁殖的形式。分生孢子生于细胞外，所以又叫外生孢子。它着生在菌丝顶端，或着生在由菌丝分化而成的孢子梗顶端，单生或簇生。分生孢子的形状、大小、结构、着生方式、颜色、因种而异，如图 4 - 28(a)、(b)所示。

节孢子是由菌丝断裂形成的外生孢子，因此也称粉孢子、裂生孢子。当菌丝长到一定阶段，出现许多横隔膜，然后从横隔膜处断裂，产生许多单个孢子，如图 4 - 31 所示。

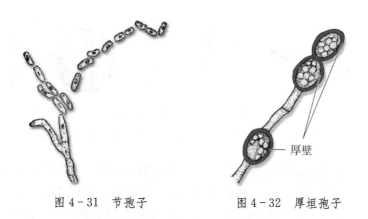

图 4 - 31 节孢子　　　　图 4 - 32 厚垣孢子

厚垣孢子，这类孢子具有很厚的壁，又叫厚壁孢子。菌丝顶端或中间的个别细胞膨大、细胞质浓缩，然后细胞壁加厚形成圆形、纺锤形或长方形的厚壁孢子。厚垣孢子是霉菌抵抗热、干燥等不良环境的休眠体。当条件适宜时，厚垣孢子即可长出新菌丝。如图 4 - 32 所示。

（2）有性繁殖

有性繁殖是指通过两个不同性细胞的结合而产生新个体的过程。霉菌的有性繁殖过程分为三个阶段：质配、核配和减数分裂，所产生的孢子称有性孢子。霉菌的有性繁殖多发生在特定条件下，往往在自然条件下较多，在一般培养基上不常出现。

霉菌的有性繁殖因菌种不同而各异。有的是通过两条营养菌丝的结合来实现，但多数是通过特殊的性细胞——有性孢子的结合来实现的。霉菌有性孢子的形成过程相当复杂，这里简单介绍几种。

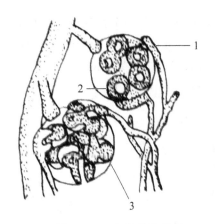

卵孢子：霉菌的菌丝分化形成两种大小不同的配子囊。小型的配子囊称雄器，大型的配子囊称藏卵器，藏卵器内有一个或数个卵球，它相当于高等生物的卵。当雄器与藏卵器配合时，雄器中的细胞质和细胞核通过受精管进入藏卵器，并与卵球结合，受精卵球生出外壁，发育成卵孢子，如图4-33所示。

接合孢子：接合孢子是由菌丝生出的结构基本相似、形态相同或略有不同两个配子囊接合而成。接合孢子一般厚壁、粗糙、黑壳。经过一定的休眠期，在适宜的条件下，接合孢子能萌发出新的菌丝。由同一菌丝体上的两菌丝（或同一菌丝上的两分枝）所形成的配子囊相结合而形成接合孢子，称同宗配合；由不同菌丝体上产生的配子囊结合而形成的接合孢子，称异宗配合，如图4-34所示。

图4-33 卵孢子的形成

1—雄器；2—藏卵器；3—卵孢子

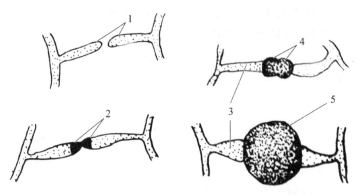

图4-34 接合孢子的形成

1—原配子囊；2—配子囊；3—配子囊柄；4—配子囊结合；5—接合孢子

子囊孢子：在子囊内形成的有性孢子称为子囊孢子。子囊是一种囊状结构，是由两性细胞结合以后形成的，其形状有球形、棒形、圆筒形、长方形等，因种而异。子囊大多是集体产生，在多个子囊外部，由菌丝包围，形成子实体，该有性实体称为子囊果。子囊果的结构、形状和大小也因种而异，而且有其特定的名称，如闭囊壳、子囊壳、子囊盘。每个子囊内通常含有1～8个孢子，有的只有4个或2个孢子。子囊孢子的形状、大小、颜色也各不相同。当子囊果成熟后，子囊孢子从子囊中释放出来，在适宜的条件下萌发成新的菌体，如图4-35所示。

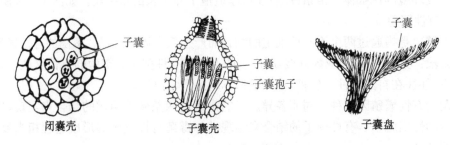

闭囊壳　　子囊壳　　子囊盘

图4-35 几种子囊果

4. 霉菌生长繁殖的结果

我们看到过食物上长出的各种颜色的霉斑,那是许多霉菌个体聚集在一起,即称为霉菌菌落。所谓菌落,就是指单个微生物细胞在固体培养基生长繁殖,形成肉眼可见的细胞群体,菌落即是固体培养基上各菌种的"村落"。图4-36展示了各种霉菌的菌落形态。

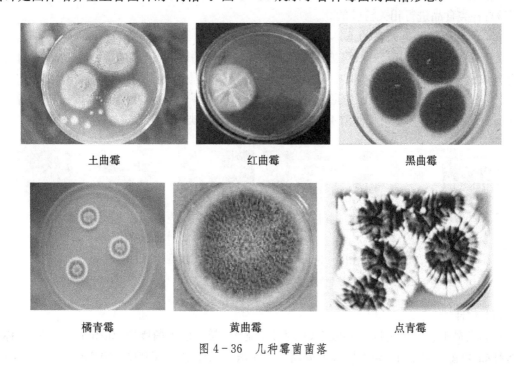

土曲霉　　　　　　　红曲霉　　　　　　　黑曲霉

橘青霉　　　　　　　黄曲霉　　　　　　　点青霉

图4-36　几种霉菌菌落

(1) 固体培养基上霉菌菌落特征

在固体培养基上,霉菌的菌落和放线菌菌落一样,是由分枝状菌丝组成。因霉菌的菌丝较粗长,故形成的菌落大、疏松、干燥、不透明,有的呈绒毛状或絮状或网状等,菌体可沿培养基表面蔓延生长。由于不同的霉菌孢子的形状、结构和颜色不同,所以菌落可呈现出肉眼可见的不同结构和色泽,如,菌落出现同心圆或辐射纹,呈现红、黄、绿、青绿、青灰、黑、白、灰等多种颜色。有些霉菌所产生的水溶性色素能扩散到培养基内,使菌落背面呈现不同的颜色,菌落正面和反面颜色不一致是鉴定的一个显著特征。

同一种霉菌,在不同成分的培养基上形成的菌落特征可能不同,但各种霉菌,在一定培养基上形成的菌落大小、形状、颜色等特征是相对稳定的,所以,菌落特征也是鉴定霉菌的重要依据之一。

(2) 液体培养基上霉菌菌落特征

在液体培养基上,如果是静止培养,霉菌往往在表面生长,液面上形成菌膜。如果是震荡培养,菌丝有时相互缠绕在一起形成菌丝球,菌丝球可能均匀地悬浮在培养液中或沉于培养液底部。

### 三、霉菌和酵母菌的测定流程

1. 霉菌和酵母菌检验意义

霉菌和酵母菌广泛分布于自然界,可作为食品中正常菌相的一部分。长期以来,人们利用某些霉菌和酵母菌加工一些食品,但在某些情况下,霉菌和酵母菌也可造成食品腐败变质。因此,霉菌和酵母菌被当成评价食品卫生质量的指示菌,并以霉菌和酵母菌计数来判定食品被污染的程度。

我国是根据 GB 4789.15 - 2010《食品安全国家标准 食品微生物学检验 霉菌和酵母菌测定》对各类食品进行相关检验的。

2. 霉菌和酵母菌测定的基本流程

霉菌和酵母菌的测定,一般将被检样品制成几种不同的以 10 倍递增的稀释液,从每种稀释液分别取出 1 mL 置于灭菌平皿中与孟加拉红培养基或马铃薯-葡萄糖琼脂培养基混合,在 28±1℃培养 5 d,记录每个平皿中形成的菌落数量,依据稀释倍数,计算出每克(或每毫升)原始样品中所含菌落总数。一般流程如图 4 - 37 所示。其检验流程类似细菌菌落总数的检验流程。

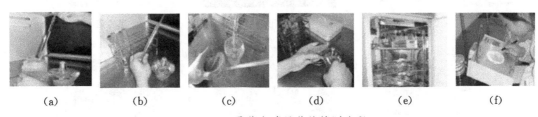

(a) (b) (c) (d) (e) (f)

图 4 - 37 霉菌和酵母菌的检测流程

(a) 检样 (b) 10 倍系列稀释 (c) 接种 (d) 倒培养基 (e) 培养 (f) 计数

(1) 检样

作为食品的样品分为固态和液态(包括半固态)两类。以无菌操作(如图 4 - 11 所示)称取固态样品 25 g 置于盛有 225 mL 灭菌蒸馏水的无菌均质杯中,以 8 000～10 000 r/min均质 1～2 min;或称取 25 g 样品放入无菌均质袋中,再加入 225 mL 稀释液,用拍击式均质器拍打 1～2 min,制成 1：10 的样品匀液。液态(半固态)样品以无菌吸管吸取 25 mL 样品置于盛有 225 mL 灭菌蒸馏水的无菌锥形瓶或广口瓶(瓶内预置适当数量的无菌玻璃珠)中,充分混匀,制成 1：10 的样品匀液。

(2) 10 倍系列的稀释

用无菌吸管吸取 1 mL 1：10 稀释液,沿管壁缓慢注于盛有灭菌蒸馏水的无菌试管内,另换一支 1 mL 无菌吸管反复吹吸,此液为 1：100 稀释液。

按上述操作顺序,依次制备 10 倍系列稀释样品匀液,如图 4 - 12(任务一)所示。如此每递增稀释一次,换用 1 支 1 mL 无菌吸管。

(3) 接种与倒培养基

霉菌和酵母菌测定所用的接种方法是倾注接种,所用的培养基为孟加拉红培养基或马铃薯-葡萄糖琼脂培养基,其成分和作用见表 4 - 5 和表 4 - 6。

表 4 - 5 孟加拉红培养基成分和作用

| 成分 | 作用 | 成分 | 作用 |
| --- | --- | --- | --- |
| 蛋白胨 | 氮源 | 硫酸镁 | 无机盐 |
| 葡萄糖 | 碳源 | 琼脂 | 凝固剂 |

续表

| 成分 | 作用 | 成分 | 作用 |
|---|---|---|---|
| 孟加拉红 | 抑菌剂 | 氯霉素 | 抑菌剂,抑制菌落蔓延生长 |
| 磷酸二氢钾 | 缓冲剂 | 蒸馏水 | 溶剂 |
| pH | | 7.2±0.2 | |
| 霉菌和酵母菌在此培养基生长情况 | | 酵母菌:光滑、湿润、常带黏性,白色或粉红色 | |
| | | 霉菌:菌落大、疏散、干燥、不透明,呈绒毛状或絮状等 | |

表4-6 马铃薯-葡萄糖琼脂培养基成分和作用

| 成分 | 作用 | 成分 | 作用 |
|---|---|---|---|
| 马铃薯 | 氮源 | 氯霉素 | 抑菌剂,抑制菌落蔓延生长 |
| 葡萄糖 | 碳源 | 琼脂 | 凝固剂 |
| 蒸馏水 | 溶剂 | | |
| pH | | 6.0±0.2 | |
| 霉菌和酵母菌在此培养基生长情况 | | 酵母菌:光滑、湿润、常带黏性,白色或粉红色 | |
| | | 霉菌:菌落大、疏散、干燥、不透明,呈绒毛状或絮状等 | |

具体操作如下:

① 根据对样品污染状况的估计,选择2~3个适宜稀释度的样品匀液(液体样品可包括原液),在进行10倍递增稀释时,吸取1 mL样品匀液于无菌平皿内,每个稀释度做两个平皿。同时,分别吸取1 mL空白稀释液加入两个无菌平皿内作空白对照。

② 及时将15~20 mL冷却至46℃的孟加拉红培养基或马铃薯-葡萄糖琼脂培养基(可放置于46±1℃恒温水浴箱中保温)倾注平皿,并转动平皿使其混合均匀。

(4) 培养

待琼脂凝固后,将平板翻转,置于28±1℃培养箱培养5 d,观察并记录。

如果样品中可能含有在琼脂培养基表面弥漫生长的菌落时,可在凝固后的琼脂表面覆盖一薄层琼脂培养基(约4 mL),凝固后翻转平板,按上述条件进行培养。

(5) 计数

可用肉眼观察,必要时用放大镜或菌落计数器记录各稀释倍数和相应的霉菌和酵母菌菌落数。菌落计数以菌落形成单位(colony-forming units,CFU)表示。

选取菌落数在10~150 CFU的平板,根据菌落形态分别计数霉菌和酵母菌菌落数。霉菌蔓延生长覆盖整个平板的可记录为多不可计。菌落数应采用两个平板的平均数。

(6) 计算方法

① 计算两个平板菌落数的平均值,再将平均值乘以相应稀释倍数计算。

② 若所有稀释度的平板上菌落数均大于150 CFU,则对稀释度最高的平板进行计数,其他平板可记录为多不可计,结果按平均菌落数乘以最高稀释倍数计算。

③ 若所有平板上菌落数均小于 10 CFU,则应按稀释度最低的平均菌落数乘以稀释倍数计算。

④ 若所有稀释度平板均无菌落生长,则以小于 1 乘以最低稀释倍数计算;如为原液,则以小于 1 计数。

(7) 报告方法

① 菌落数在 100 以内时,按"四舍五入"原则修约,采用两位有效数字报告。

② 菌落数大于或等于 100 时,前 3 位数字采用"四舍五入"原则修约后,取前 2 位数字,后面 0 代替位数来表示结果;也可用 10 的指数形式来表示,此时也按"四舍五入"原则修约,采用两位有效数字。

③ 称重取样以 CFU/g 为单位报告,体积取样以 CFU/mL 为单位报告,报告或分别报告霉菌和/或酵母菌数。

### 四、霉菌和酵母菌测定的注意事项

参见本项目任务一。

## 思考与训练

1. 如何在平皿上区分霉菌的菌落和酵母菌的菌落?
2. 简述霉菌和酵母菌的个体形态。
3. 简述霉菌和酵母菌的繁殖方式。
4. 测定霉菌和酵母菌所需的培养基、试剂、设备有哪些?
5. 比较霉菌和酵母菌检测与细菌菌落总数检测的异同点。

## 项目五 食品加工环节中微生物的测定

### 学习目标

1. 会描述食品腐败变质的原因。
2. 会描述微生物污染食品的主要途径。
3. 会预防与控制食品污染。
4. 会进行食品加工环节中的样品采集。
5. 会进行食品加工环节中的微生物检测。

食品加工环节的微生物检验包括对加工设备、接触器具和加工人员手的微生物检验。在食品的生产过程中,为防止与减少食品成品的二次污染,保障食品卫生,应对食品生产设备、工具、容器和加工人员的卫生状况进行定期检查,食品加工环节的微生物测定是食品微生物检验的一项重要内容。

## 任务一 食品腐败变质的原因

### 任务描述

1. 会描述引起食品腐败变质的因素。
2. 会描述食品腐败变质的过程。

### 相关知识

新鲜的食品在常温 20℃左右存放,由于附着在食品表面的微生物作用和食品内所含酶的作用,使食品的色、香、味和营养价值降低,如果久放,食品会腐败或变质,以至完全不能食用,因为新鲜食品是微生物的良好培养基,它们能迅速生长繁殖,促使食品营养成分迅速分解,由高分子物质分解为低分子物质如鱼体蛋白质分解,可部分生成三甲胺四氢化吡咯、六氢化吡啶、氨基戊醛、氨基戊酸等,食品质量即下降,进而发生变质和腐败。因此在食品变质的原因中,微生物往往是最主要的。

## 一、食品腐败变质的概念

食品腐败变质是以食品本身的组成和性质为基础,在环境因素的影响下主要由微生物作用所引起,是微生物、环境因素、食品本身三者互为条件、相互影响、综合作用的结果。其过程实质上是食品中蛋白质、碳水化合物、脂肪等被污染微生物的分解代谢作用或自身组织酶进行的某些生化过程。

## 二、引起食品腐败变质的因素

引起食品腐败变质的原因主要有微生物的作用及食品本身的组成和性质。

### 1. 引起食品腐败变质的微生物

引起食品腐败的微生物有细菌、酵母菌和霉菌等,其中以细菌引起的食品腐败变质最为显著。而食品中存活的细菌只是自然界细菌中的一部分。这部分在食品中常见的细菌,在食品卫生学上被称为食品细菌。食品细菌包括致病菌、相对致病菌和非致病菌,有些致病菌还是引起食物中毒的原因。它们既是评价食品卫生质量的重要指标,也是食品腐败变质的原因。在《伯杰氏系统细菌学手册》(1984—1989)中,污染食品后可引起腐败变质、造成食物中毒和引起疾病的常见细菌主要有以下几种。

（1）需氧芽孢菌

在自然界中分布极广,主要存在于土壤、水和空气中,食品原料经常被这类细菌污染。大部分需氧芽孢菌生长适宜温度在 28～40℃,有些能在 55℃甚至更高的温度中生长,其中有些细菌是兼性厌氧菌,在密封保藏的食品中,不因缺氧而影响生长。这类细菌都有芽孢产生,对热的抵抗力特别强,由于这些原因,需氧芽孢菌是食品的主要污染菌。

（2）厌氧芽孢菌

主要存在于土壤中,也有的存在于人和动物的肠道内,多数菌必须在厌氧的环境中才能良好生长,只有极少数菌在有氧条件下生长。厌氧芽孢菌主要是通过直接或间接被土壤或粪便污染的植物性原料(如蔬菜、谷类、水果等),进而污染食品。

一般厌氧芽孢菌的污染比较少,但危害比较严重,常导致食品中蛋白质和糖类的分解,造成食品变色、产生异味、产酸、产气、产生毒素。

常见的有酪酸梭状芽孢杆菌、巴氏固氮梭状芽孢杆菌、魏氏梭菌、肉毒梭菌等。

（3）无芽孢细菌

此种类远比有芽孢菌的种类多,在水、土壤、空气、加工人员、工具中都广泛存在,因此污染食品的机会更多。

食品被无芽孢菌污染是很难完全避免的,这些细菌包括大肠菌群、肠球菌、假单胞菌属、产碱杆菌属等。

（4）酵母菌和霉菌

食品加工中的重要生产菌种,例如用啤酒酵母制造啤酒,绍兴酒酵母制造绍兴米酒,用毛霉、根霉和曲霉的菌种制造酒、醋、味精等。酵母菌、霉菌在自然界广泛存在,可以通过生产的各个环节污染食品。

通常出现的酵母菌有假丝酵母属、圆酵母属、酵母属、隐球酵母属,霉菌有青霉属、芽枝霉属、念珠霉属、毛霉属等。

（5）病原微生物

食品在原料、生产、贮藏过程中也可能污染一些病原微生物,如大肠杆菌、沙门氏菌及其他肠杆菌、葡萄球菌、魏氏梭菌、肉毒梭菌、蜡样芽孢杆菌以及黄曲霉、寄生曲霉、赭曲霉、蜂蜜曲霉等产毒素曲霉。

2. 食品本身的组成和性质

一般来说食品总是含有丰富的营养成分,各种蛋白质、脂肪、碳水化合物、维生素和无机盐等都存在,只是比例上的不同而已。如有一定的水分和温度,就十分适宜微生物的生长繁殖。但有些食品是以某些成分为主的,如油脂则以脂肪为主,蛋品类则以蛋白质为主。生物分解各种营养物质的能力也不同。因此只有当微生物所具有的酶所需的底物与食品营养成分相一致时,微生物才可以引起食品的迅速腐败变质。当然,微生物在食品上的生长繁殖还受其他因素的影响。

（1）食品的酸碱度

食品本身所具有的 pH 影响微生物在其上面的生长和繁殖。一般食品的 pH 都在 7.0 以下,有的甚至仅为 2～3,见表 5-1。pH 在 4.5 以上者为非酸性食品,主要包括肉类、乳类和蔬菜等。pH 在 4.5 以下者称为酸性食品,主要包括水果和乳酸发酵制品等。因此,从微生物生长对 pH 的要求来看,非酸性食品较适宜于细菌生长,而酸性食品则较适宜于真菌的生长。但是食品被微生物分解会引起食品 pH 的改变,如食品中以糖类等为主,细菌分解后往往由于产生有机酸而使 pH 下降。如以蛋白质为主,则可能产氨而使 pH 升高。在混合型食品中,由于微生物利用基质成分的顺序性差异,而 pH 会出现先降后升或先升后降的波动情况。

表 5-1　不同食品原料的 pH

| 动物食品 | 蔬菜食品 | 水果 |
| --- | --- | --- |
| 牛肉 5.1～6.2 | 卷心菜 5.4～6.0 | 苹果 2.9～3.3 |
| 羊肉 5.4～6.7 | 花椰菜 5.6 | 香蕉 4.5～5.7 |
| 猪肉 5.3～6.9 | 芹菜 5.7～6.0 | 柿 4.6 |
| 鸡肉 6.2～6.4 | 茄 4.5 | 葡萄 3.4～4.5 |
| 鱼肉 6.6～6.8 | 莴苣 6.0 | 柠檬 1.8～2.0 |
| 蟹肉 7.0 | 洋葱 5.3～5.8 | 橘 3.6～4.3 |
| 小虾肉 6.8～7.0 | 番茄 4.2～4.3 | 西瓜 5.2～5.3 |
| 牛乳 6.5～6.7 | 萝卜 5.2～5.5 | |

（2）食品的水分

食品本身所具有的水分含量影响微生物的生长繁殖。食品总含有一定的水分,这种水分包括结合态水和游离态水两种。决定微生物是否能在食品上生长繁殖的水分因素是食品中所含游离态水,也即所含水的活性或称水分活度。水分活度是指食品在密闭容器内的水蒸气压($p$)与相同温度下的纯水蒸气压($p_0$)之比,纯水的水分活度为 1,无水食品的水分活度为 0,食品的水分活度为 0～1。

由于食品中所含物质的不同,即使含有同样水分,但水的活度可能不一样。因此各种食品防止微生物生长的含水量标准就很不相同。肉、水果、蔬菜等日常食品的水分活度大多在0.98～0.99,适宜多数微生物的生长。一般认为,当水分活度低于0.90时,细菌几乎不能生长;而水分活度在0.64以下,是食品安全储藏的防霉含水量;水分活度在0.60以下,则认为微生物不能生长。

(3) 食品的渗透压

食品的渗透压同样是影响微生物生长繁殖的一个重要因素。各种微生物对于渗透压的适应性很不相同。大多数微生物都只能在低渗环境中生活。也有少数微生物嗜好在高渗环境中生长繁殖,这些微生物主要包括霉菌、酵母菌和少数种类的细菌。根据它们对高渗透压的适应不同,可以分为以下几类:

① 高度嗜盐细菌,最适宜于含20％～30％食盐的食品中生长,菌落产生色素,如盐杆菌。

② 中度嗜盐细菌,最适宜于含5％～10％食盐的食品中生长,如腌肉弧菌。

③ 低度嗜盐细菌,最适宜于含2％～5％食盐的食品中生长,如假单胞菌属、弧菌属中的一些菌种。

④ 耐糖细菌,能在高糖食品中生长,如肠膜状明串珠菌。还有能在高渗食品上生长的酵母菌,如蜂蜜酵母、异常汉逊酵母。霉菌有曲霉、青霉、卵孢霉、串孢霉等。

(4) 食品的温度

微生物有嗜冷、嗜温、嗜热型,而每一群微生物又各有其最适宜生长的温度范围。低温(0℃左右)和高温(45℃以上)对大多数食品中的微生物生长极为不利。但在低温,嗜冷微生物会引起冷藏、冷冻食品的变质,它们生长繁殖的速度非常迟缓,引起冷藏品变质的速度也较慢;而在45℃以上,嗜热微生物新陈代谢活动加快,食品发生变质的速度也相应加快。嗜热微生物造成的食品变质主要由分解糖类产生酸而引起。

(5) 食品的存在状态

一般自身或包装完好无损的食品,不易发生腐败,可以放置较长时间。如果食品组织破坏、细胞膜碎裂或包装破损,因空气的湿度和气体成分对微生物的生长有一定的影响,使食品易受到微生物的污染而发生腐败变质。一般来讲,在有氧的环境中,食品变质速度加快。若把含水量少的脱水食品放在湿度大的地方,食品表面的水分将迅速增加,不仅增加了食品污染的可能性,也极易使其发霉。

## 三、食品腐败变质的过程

食品的腐败变质实质上是食品中蛋白质、碳水化合物、脂肪等营养成分分解变化的过程,其程度因食品的种类、微生物的种类以及其他条件的影响而异。

### 1. 食品中蛋白质的分解

蛋白质在微生物的作用下,首先分解为肽,再分解为氨基酸。氨基酸在相应酶的作用下,进一步分解成有机胺、硫化氢、硫醇、吲哚、粪臭素和醛等物质,具有恶臭味。特别是有机胺,作为鉴定肉类和鱼类等富含蛋白质食品的化学指标之一。

### 2. 食品中脂肪的酸败

酸败是由于动植物组织中或微生物所产生的酶或由于紫外线和氧、水分所引起的,食品中的中性脂肪分解为甘油和脂肪酸。脂肪酸进一步分解生成过氧化物和氧化物,过氧化物进一步分解为具有特殊刺激气味的酮和醛等酸败产物,产生所谓的哈喇味。油脂含量丰富的食品腐败变质的特征：过氧化值上升，酸度上升，羰基反应呈阳性。

3. 碳水化合物的分解

食品中的碳水化合物包括单糖、寡糖、多糖（淀粉）等。含碳水化合物的食品主要有粮食、水果、蔬菜和这些食品制品。主要以碳水化合物在微生物或动植物组织中酶的作用下，经过产生双糖、单糖、有机酸、醇、醛等一系列变化，最后分解成二氧化碳和水。

# 任务二 微生物污染食品的途径及控制

## 任务描述

1. 会描述食品污染的途径。
2. 会预防控制食品污染。

## 相关知识

微生物在自然界中广泛分布,无处不在,随着自然环境的不同,其分布密度有着很大的差异。这些微生物可通过多种途径侵入产品中造成污染,污染菌大量繁殖后,最终会造成食品的腐败变质。因此,了解自然界中微生物的分布,并有针对性地采取确实有效措施,对控制产品的微生物污染有着重要意义。

### 一、微生物对食品的污染

对食品造成污染的微生物可能来自环境、人员、生产原料、生产器械及包装材料等。

1. 土壤污染

土壤是自然界中微生物生活最适宜的环境,它具有微生物所需要的一切营养物质和进行生长繁殖等生命活动的各种条件。土壤中的有机物为微生物提供了良好的碳源、氮源和能源;矿质元素的含量浓度也很适于微生物的生长;土壤的酸碱度接近中性,缓冲性较强;渗透压大都不超过微生物的渗透压;土壤空隙中充满着空气和水分,基本上可以满足微生物的需要,为好氧和厌氧微生物的生长提供了良好的环境。此外,土壤的保温性能好,与空气相比,昼夜温差和季节温差的变化不大。在表层土几毫米以下,微生物便可免于被阳光直射致死。这些都为微生物生长繁殖提供了有利的条件,所以土壤有微生物的"大本营"之说。这里的微生物数量最大、类型最多,也是人类利用微生物的主要来源。

土壤中的微生物包括细菌、放线菌、真菌、藻类和原生动物等多种类群。其中细菌最多,占土壤微生物总量的 $70\%\sim90\%$,数量可达 $10^7\sim10^9/g$ 土壤,放线菌、真菌次之,藻类和原生动物等较少。许多病原微生物可随着动、植物残体以及人和动物的排泄物进入土壤,因此,土壤中的微生物既有非病原的,也有病原的。

由于土壤中有大量微生物存在,是自然环境中一切微生物的总发源地,一些农作物表面可能含有大量的微生物,用于食品生产时,若处理不当,有可能造成生产车间的空气和用具及生产环节的污染,从而影响成品的质量。

2. 空气污染

空气中没有微生物生长繁殖所需要的营养物质和充足的水分,还有日光中紫外线的照射,因此空气不是微生物良好的生存场所,微生物数量相对较少且分布也极不均匀。但空气中却飘浮着许多微生物,这是由于土壤、水体、各种腐烂的有机物以及人和动物呼吸道、皮肤干燥脱落物及排泄物中的微生物,都可随着气流的运动被携带到空气中去。微生物小而轻,能随空气流动到处传播,因而微生物的分布是世界性的。

空气中的微生物主要是过路菌,其含菌量与含尘量呈线性关系,以对干燥和射线有抵抗力的真菌、放线菌的孢子为主。若食品暴露在空气中,生产车间空间的洁净度不够,就有可能污染食品。

**3. 水污染**

水体环境如海洋及陆地上的江河、湖泊、池塘、水库、小溪等,溶解或悬浮着多种无机物和有机物,可作为微生物营养物质,所以是微生物栖息的第二天然场所。水中的微生物多来自土壤、空气、污水或动植物尸体等,尤其是土壤中的微生物,常随同土壤被雨水冲刷进江河、湖泊中。

水在食品加工生产方面起着重要作用,用水来清洗生产车间、生产设备、产品原料、机械器具等,还要用水来保持工作人员的清洁卫生,因此水质的好坏对产品的卫生质量影响很大。如果产品用水不清洁,不符合国家水质卫生标准,那它很可能成为食品中微生物污染的污染源和重要污染途径,其结果势必要影响食品的质量。

**4. 人体污染**

在正常生理状态下,人的体表及与外界相通的管腔中,如口腔、鼻咽腔、消化道和泌尿生殖道中均有大量的微生物存在,它们数量大、种类较稳定,且一般是有益无害的微生物,称为正常菌群。

当人与食品接触时,就有可能成为污染食品的媒介。尤其在食品加工中,人的手造成食品微生物污染最为常见。从事食品生产、包装、运输、销售的工作人员如果不注意身体的清洁、不注意工作衣帽的消毒,就有可能在皮肤、头发、衣帽等与食品接触时,把有害微生物带入食品,造成对食品的污染。

**5. 产品原料及辅料污染**

(1) 植物原料及辅料

健康的植物在生长期与自然界广泛接触,其体表存在大量的微生物。感染疾病后的植物组织内部会存在大量的病原微生物,这些病原微生物是在植物的生长过程中通过根、茎、叶、花、果实等不同途径侵入组织内部的。即使有些外观看上去是正常的水果或蔬菜,其内部组织中也可能有某些微生物的存在。有人从苹果、樱桃等组织内部分离出酵母菌,从番茄组织中分离出酵母菌和假单胞菌属的细菌,这些微生物是果蔬开花期侵入并生存于果实内部的。如果以这些果蔬为原料加工制成食品,由于原料本身带有微生物,且在加工过程中还会再次感染,所制成的产品中有可能带有大量微生物。

粮食作为储藏期较长的农产品,其微生物污染问题尤为突出。据统计,全世界每年因霉变而损失的粮食就占总产量的 2% 左右。在各种粮食和饲料上的微生物以曲霉属、青霉属和孢(霉)属的一些种为主,其中曲霉危害最大。花生、玉米等农作物最易被黄曲霉污染,部分黄曲霉菌株产生的黄曲霉毒素是一种强烈的致癌毒物,现已发现的黄曲霉毒素有十几种,其中以 B1 的毒性和致癌性最强。该毒素相对稳定,300℃时才能被破坏,对人体、家畜、家禽的健康危害极大。另一类剧毒致癌毒素为 T2,由镰孢霉属的真菌产生,该毒素被人体吸收后会引起白细胞下降和骨髓造血机能破坏,有少数国家曾用来制成生物武器。因此,以植物尤其是粮食为原料的产品,大多要进行霉菌及真菌毒素的检测。

(2) 动物原料及辅料

禽畜的皮毛、消化道、呼吸道等与外界相通的管腔有大量微生物存在。与外界隔绝的组织

(肌肉、脂肪、心、肝、肾等脏器)和血流在健康的情况下是不含微生物的,但如果受到病原体感染,患病的畜禽其器官及组织内部可能有微生物存在,形成组织病变。病变组织作为产品原料及辅料是不适宜的,若加工成食品,则是危险的。因此,针对动物原料及辅料,需要特别进行宰前检疫,即对待宰动物进行活体检查。

屠宰过程卫生管理不当将为微生物的广泛污染提供机会。如使用非灭菌的刀具放血时,将微生物引入血液中,随着微弱、短暂的血液循环而扩散至胴体的各部位。屠宰后的畜禽即丧失了先天的防御机能,微生物侵入组织后迅速繁殖。因此在屠宰、分割、加工、储存和配送销售过程中的每一个环节,微生物的污染都可能发生。

健康动物乳汁本身是无菌的,但患有传染病和乳房炎的病畜其乳汁中可能带有金黄色葡萄球菌、化脓性棒状杆菌、绿脓杆菌、克雷伯氏菌、布氏杆菌等,另外其加工过程中也易被动物皮毛、容器工具、挤奶员卫生习惯及挤奶前的尘埃等污染。

有些动物虽然不是产品加工的原料,但也会使产品尤其是食品受到微生物污染,如老鼠、苍蝇、蟑螂等动物,都是携带和传播微生物或病原菌的重要媒介。

6. 加工机械和设备、包装材料污染

产品在从生产到消费的过程中,要接触许多设备、用具,它们的清洁与否直接影响着产品的卫生质量,其中以食品的生产尤为突出。如在食品加工过程中,食品的汁液、颗粒黏附于加工器械设备和用具表面,若生产结束后设备没有得到彻底的清洗和灭菌,就会使原本少量的微生物迅速增殖;设备未加清洗或消毒后连续使用,也会使原本清洁的食品被污染。另外,如果产品符合卫生标准,而各种包装材料处理不当,也会带来微生物污染。一次性包装材料通常比循环使用的材料所带的微生物数量要少。

## 二、食品生产中微生物污染的变化规律

食品在加工前,原料大多营养丰富,在自然界中很容易受到微生物的污染,加之运输、储藏等原因,很容易造成微生物的繁殖。即使有些为了阻止原料在产地和运输储藏过程中受到污染已采取了有力的卫生措施,但若不经过一定的灭菌处理,仍难以阻止微生物的生长繁殖。在新鲜的鱼肉和水果类中,这种现象极为常见。

食品在加工过程中,要进行清洗、加热或灭菌等工艺操作过程。这些操作过程若正常进行,可以减少食品中微生物的含量。所以在加工过程中,食品中微生物的数量一般会出现明显下降的趋势。但若发生二次污染,微生物将迅速繁殖,数量会迅速上升。

加工后的成品在适宜的储藏、运输过程中,若不再受到污染,即使残存的微生物也很难再繁殖。

了解微生物污染在食品加工中的变化规律,有助于更好地在生产中控制产品质量,保证食品安全。

## 三、食品中微生物污染的控制

1. 加强环境卫生管理

环境卫生的好坏对产品的卫生质量影响很大。环境卫生搞得好,其含菌量会大大下降,这样就会减少产品污染的概率;反之,环境卫生状况差,含菌量高,则污染概率增大。加强环境卫生管理,可着重从以下几个方面入手。

（1）做好粪便污染卫生管理工作

粪便含菌量大，经常含有肠道致病菌、虫卵和病毒等，这些都可能成为产品的污染源。做好粪便的卫生管理工作，要重点做好粪便的收集、粪便的运输、粪便的无害化处理。目前粪便的无害化处理主要采取堆肥法、沼气发酵法、药物处理法、发酵沉卵法等方法，达到杀死虫卵和病原菌、提高肥料利用率、减少环境污染的目的。

（2）做好污水的卫生管理工作

污水分为生活污水和工业污水两类。生活污水中含有大量的有机物和肠道病原菌，工业污水中含有不同的有毒物质，为了保护环境，保护产品用水的水源，必须做好污水的无害化处理工作。目前活性污泥法、悬浮细胞法、生物膜法、氧化塘法都是处理污水的常用手段。

（3）做好垃圾的卫生管理工作

《中华人民共和国固体废弃物污染环境防治法》所确立的废弃物治理原则是减量化、资源化、无害化。所谓减量化就是尽量避免垃圾的产生；所谓资源化就是积极推进废弃物资源的综合利用；所谓无害化就是废弃物的收运、处置都应以环境相允许，对人体健康和环境不产生危害为原则。

2. 加强企业卫生管理

为保证产品的卫生质量，不仅要加强环境卫生的管理，更要搞好企业内部的卫生管理，这点对药品生产、食品生产等企业显得尤为重要。在这些企业中，所有工作都应围绕着控制污染源和切断污染途径而开展，对产品的生产、储藏、运输、销售各环节都要制定严格的卫生管理办法，并且执行落实到位。而对从业人员则必须加强卫生教育，使他们养成良好的卫生习惯。食品企业的工作人员还要定期到卫生防疫部门进行健康检查和带菌检查。我国规定患有痢疾、伤寒、传染性肝炎等消化道传染病（包括带菌者）、活动性肺结核、化脓性或渗出性皮肤病人员，不得参加接触食品的工作。对患有上述疾病的职工，必须停止直接接触食品的工作，待治愈或带菌消失后，方可恢复工作。

3. 加强食品卫生检测

食品卫生要求比较高的企业，应设有微生物检验室，以便随时了解生产原料、生产环节及食品的卫生。经检测发现不符合卫生要求的产品，一方面要采取相应的措施及时处理；更重要的是要查出原因，找出污染源，以便采取有力的对策，保证今后能生产出符合卫生要求的产品。

## 思考与训练

1. 造成食品微生物污染的原因有哪些？
2. 如何采取有效的措施加以预防和控制？
3. 你认为从个人卫生方面应注意哪些事项？

# 任务三　认识食品加工环节采样方法

## 任务描述

1. 会描述食品加工环节中常用的采样方法。
2. 会进行食品加工环节中的样品采集。

## 相关知识

为了预防和控制微生物对食品的污染,加强食品加工环节的卫生管理尤为重要。因此,必须对食品加工环节的卫生进行定期采样检验。样品的采集与处理直接影响到检验结果,是食品微生物检验工作中非常重要的环节,要保证检验工作的公正、准确,必须掌握适当的技术要求,遵守一定的规则和程序。

### 一、水样的采集与处理

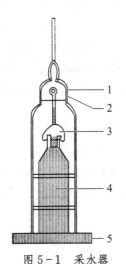

图 5-1　采水器

1-开瓶绳索　2-铁框
3-瓶盖　4-灭菌瓶
5-底座

水中含有大量的细菌,因此进行水的微生物检验,在保证饮水和食品安全及控制传染病方面具有十分重要的意义。水样的采集与处理方法如下。

（1）无菌操作,防止杂菌混入。盛水容器在采样前须洗刷干净,并进行高温高压灭菌。采水器（见图 5-1）是一金属框,内有容量为 500 mL 的灭菌磨口玻璃瓶,采水器底部较重,可随意坠入所需采水的深度,拉吊瓶盖上的绳索,掀开瓶盖,待水盛满后,松放绳索,瓶盖自塞,然后自水中提起采水器,取出水样瓶,并立即用灭菌棉塞或灭菌橡皮塞塞好瓶口,以备检验。

（2）取自来水时,需先用清洁布将水龙头擦干,再用酒精灯灼烧龙头灭菌,然后把水龙头完全打开,放水 5～10 min 后再将水龙头移入采水器,采集水样。经常取水的水龙头放水 1～3 min 即可采集水样。

（3）采取经氯处理的水样时,应在采样前按每 500 mL 水样加入硫代硫酸钠 0.03 g 或 1.5% 硫代硫酸钠水溶液 2 mL,目的是作为脱氢剂除去残余的氯,避免剩余氯对水样中细菌的杀灭作用,而影响结果的可靠性。

（4）水样采取后,应于 2 h 内送到检验室。若路途较远,应连同水样瓶一并置于 6～10℃ 的冰瓶内运送,运送时间不得超过 6 h,洁净的水最多不超过 12 h。水样送到后,应立即进行检验,如条件不许可,则可将水样暂时保存在冰箱中,但不超过 4 h。

（5）运送水样时应避免玻璃瓶摇动,防止水样溢出后又回流瓶中,从而增加污染。

（6）检验时应将水样混匀。

## 二、空气样品的采集与处理

空气是人类、畜禽传播疾病的主要媒介。因此,测定空气中微生物的数量和种类,对于保证食品的安全性以及预防某些传染病都有着十分重要的意义。

空气样品的微生物检验,通常是测定 1 m³ 空气中的细菌数和空气污染的标志菌(溶血性链球菌和绿色链球菌),只有在特殊情况下才进行病原微生物的检查。空气体积大、菌数相对稀少,并因气流、日光、温度及湿度和人、动物的活动,使细菌在空气中的分布和数量不稳定,即使在同一室内,分布也不均匀,检查时常得不到精确的结果。

空气的采样方法常见的有以下三种,即直接沉降法、过滤法、气流撞击法,其中气流撞击法最为完善,因为这种方法能较准确地表示出空气中细菌的真正含量。

### 1. 直接沉降法

在检验空气中细菌含量的各种沉降法中,郭霍简单平皿法是最早的方法之一。郭霍简单平皿法就是将琼脂平板或血琼脂平板放在空气中暴露一定时间 $t$,然后 37℃培养 48 h,计算所生长的菌落数,按奥梅梁斯基计算法,即在面积 $A$ 为 100 cm² 的培养基表面,5 min 沉降下来的细菌数相当于 10 L 空气中所含的细菌数($N$),即 1 cm³ 细菌数=50 000 $N \div At$。

### 2. 过滤法

过滤法的原理是使定量的空气通过吸收剂,而后将吸收剂进行培养,计算出菌落数。如图 5-2 所示,使空气通过盛有定量无菌生理盐水及玻璃珠的三角瓶。液体能阻挡空气中的尘粒通过,并吸收附着其上的细菌,通过空气时须振荡玻璃瓶数次,使得细菌充分分散于液体内,然后将此生理盐水 1 mL 接种至琼脂培养基,在 37℃下培养 48 h,计算菌落数。由已知吸收空气的体积和液体量推算出 1 cm³ 空气中的细菌数。即 1 cm³ 细菌数=1 000 $NV \div V'$,其中 $V$ 代表吸收液体积(mL)、$V'$ 代表过滤空气量($L$)、$N$ 代表细菌数。若欲检查空气中病原微生物,可接种于特殊培养基上观察。

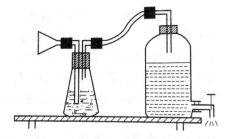

图 5-2　过滤法收集空气样品装置

### 3. 气流撞击法

气流撞击法需要特殊仪器,如布尔济利翁仪器及克罗托夫仪器等,较为常见的是克罗托夫仪器,它包括 3 个连接部分:①选取空气样品的部分;②微气压计;③电气部分(见图 5-3)。

如图 5-3 所示,将琼脂平板置于仪器主要部分的圆盘上,然后将仪器密闭,开启电流开关。通风机以 4 000~5 000 r/min 旋转,将空气吸入,空气由楔形孔隙进入仪器而撞击在琼脂平板的表面,并粘着在培养基上,由于空气的旋流,带有平皿的圆盘产生低速转动,使细菌可在培养基表面均匀散布。根据细菌污染程度,可吸取不同量的空气,以供检验。每分钟的空气量

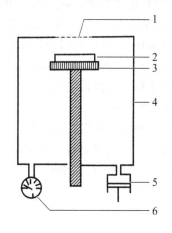

图 5-3　通过楔形孔隙收集空气样品装置

1-楔形孔隙　2-平皿　3-圆盘　4-密封圆筒
5-抽气机　6-压力表

可用微气压计测知,空气流量的大小可通过电气部分加以调节。

### 三、食品生产工具样品的采集与处理

在食品的生产过程中,食品的原料都是含菌的,经过清洗、紫外线照射、蒸煮、烘烤、超高温杀菌等加热杀菌工艺后,微生物含量急剧下降或达到商业性无菌状态。但是,这些经过高温制作的食品在冷却、输送、灌装、封口、包装过程中,往往会被微生物二次污染。因此,除保持空气的清洁度和生产人员的卫生外,保持与食品直接接触的各种机械设备的清洁生产和无菌,是防止和减少成品二次污染的关键。食品生产工具样品的采集有表面擦拭法和冲洗法。

1. 表面擦拭法

设备表面的微生物检验,也常用表面擦拭法进行取样,一般是用刷子刷洗法或棉签擦拭法。

(1)刷子刷洗法。将无菌刷子在无菌溶液中沾湿,反复刷洗设备表面 $200\sim400$ cm$^2$ 面积,把刷子放入 225 mL 无菌生理盐水的容器中,进行充分洗涤,将此含菌溶液进行微生物检验。

(2)棉签擦拭法。采样时若所采表面干燥,则用无菌稀释液湿润棉签后擦拭;若表面有水,则用干棉签擦拭。擦拭后立即将棉签插入盛样容器中。

① 食品接触的生产设备表面、桌面和盛料容器(>500 g/只容器)。首先将无菌规板(框内面积 50 cm$^2$)在与食品接触的表面上,用被无菌稀释液沾湿的棉签沿规板框架平稳地擦拭三次,同时变换棉签擦拭面。然后将棉签插入装有 5 mL 无菌稀释液的试管中,搅动数次,挤出多余的水,切断棉签杆,封好试管,即为原液。生产设备表面抽样面积应为食品接触总面积的 $10\%\sim20\%$,桌面和盛料容器抽样一般不少于三个区域。

② 勺、匙、刀、叉、杯、碟等类似加工用具。每一个用具用一支棉签蘸无菌稀释液,来回擦拭三次后,将棉签插入装有 5 mL 无菌稀释液的试管中,搅动数次,挤出多余的水,切断棉签,封好试管,即为原液。这类加工用具的抽样比例为实际用具的 $5\%\sim10\%$。

③ 操作人员的手。将无菌棉签用无菌稀释液沾湿后,沿右手指(拇指到小指)到手掌,来回平稳地擦拭三次,同时变换棉签擦拭面,将棉签插入装有 5 mL 无菌稀释液的试管中,搅动数次,挤出多余的水,切断棉签,封好试管,即为原液。抽样人数不少于操作人员总数的 $20\%$,均以右手指掌为抽检范围。

2. 冲洗法

对一般容器和设备,可用一定量无菌生理盐水反复冲洗与食品接触的表面,用倾注法检查此冲洗液中的活菌总数,必要时进行大肠菌群或致病菌项目的检验。

对大型设备,可以用循环水通过设备,采集定量的冲洗水,用滤膜法进行微生物检验。

## 思考与训练

1. 怎样对不同的水质进行采样和样品处理?
2. 简述空气样品的几种采集方法。
3. 简述棉签擦拭取样法。

# 任务四　认识食品加工环节中微生物的测定方法

## 任务描述

1. 会描述食品加工环节中常用的微生物检验方法。
2. 会进行食品加工环节中的样品微生物检验。

## 相关知识

### 一、水样的检验

为保障人类饮水的卫生、安全,饮用水应满足以下几点要求:①流行病学上安全,没有传染病的危险;②毒理学上可靠,在饮用过程中不会产生毒害作用;③水质成分或化学组成适合人体生理需要,含有必要的营养物质而不会造成损害或不良影响;④感官上良好,没有臭味。

检验室一般只检验水中的菌落总数和大肠菌群最近似数,以此来判定水的卫生质量。至于水中致病菌的检验,方法复杂、时间较长,只有在某种特殊情况下,如流行病学调查时才有必要进行。

1. 水中菌落总数的测定

参见项目四任务一。

2. 水中大肠菌群的测定

在正常情况下,肠道中主要有大肠菌群、粪链球菌和厌氧芽孢杆菌三类。这些细菌都可随人畜排泄物进入水源,由于大肠菌群在肠道内数量最多,在外界环境中生存条件与肠道致病菌相似,所以以水源中大肠菌群的数量,可作为一项重要指标直接反映水源受人畜排泄物污染的程度,因而对饮用水均须进行大肠菌群的检查。

水中大肠菌群的检验方法中,常用的发酵法可适用于各种水样的检验,但操作繁琐,需要时间长。滤膜法仅适用于自来水和深井水,操作简便、快速,但不适用于杂质太多、易于阻塞滤孔的水样。

(1) 发酵法

① 生活饮用水或食品生产用水的检验。

在 2 个各装有 50 mL 的 3 倍浓缩乳糖胆盐蛋白胨培养液(可称为三料乳糖胆盐)的大试管或烧瓶中(内有倒置小管),以无菌操作各加水样 100 mL。在 10 支装有 5 mL 的三料乳糖胆盐发酵管中(内有倒置小管),以无菌操作各加入水样 10 mL。如果饮用水的大肠菌群数变异不大,也可接种 3 份 100 mL 水样。摇匀后,37℃培养 24 h。这一检验过程称为初步发酵试验。

接下来进行平板分离,将经培养 24 h 后,将产酸产气及只产酸的发酵管,分别接种于伊红美蓝琼脂或远藤琼脂、MA 琼脂等培养基上,37℃培养 18～24 h。大肠杆菌在伊红美蓝琼脂平板上,菌落呈紫黑色,具有或略带金属光泽;远藤琼脂平板上,菌落呈淡粉红色;MA 琼脂平板上,菌落呈玫瑰红色。挑取符合上述特征的菌落进行涂片,革兰氏染色,并镜检。

同时进行复发酵试验,即将革兰氏染色阴性无芽孢杆菌菌落的另一部分接种于单料乳糖胆盐发酵管中,为防止遗漏,每管可接种来自同一初发酵管的最典型的菌落 1～3 个,37℃培养 24 h,有产酸产气者,即证实有大肠菌群存在。

最后,根据证实有大肠菌群存在的复发酵管的阳性管数,查大肠菌群检索表(表 5-2、表 5-3),报告每升水样中的大肠菌群数。

表 5-2  大肠菌群检索表(饮用水)

| 序号 \ 100 mL 水量的阳性瓶数 | 0 每升水样中大肠菌群数 | 1 每升水样中大肠菌群数 | 2 每升水样中大肠菌群数 | 备注 |
|---|---|---|---|---|
| 0 | <3 | 4 | 11 | |
| 1 | 4 | 8 | 18 | |
| 2 | 7 | 13 | 27 | |
| 3 | 11 | 18 | 38 | |
| 4 | 14 | 24 | 52 | 接种水样总量 300 mL(100 mL 2 份,10 mL 10 份) |
| 5 | 18 | 30 | 70 | |
| 6 | 22 | 36 | 92 | |
| 7 | 27 | 43 | 120 | |
| 8 | 31 | 51 | 161 | |
| 9 | 36 | 60 | 230 | |
| 10 | 40 | 69 | >230 | |

表 5-3  大肠菌群变异不大的饮用水

| 阳性管数 | 0 | 1 | 2 | 3 | 接种水样总量 300 mL(100 mL 3 份) |
|---|---|---|---|---|---|
| 1 L 水样中大肠菌群数 | <3 | 4 | 11 | >18 | |

② 水源水的检验

用于培养的水量,应根据预计水源水的污染程度选用下列各量。

严重污染水:1 mL、0.1 mL、0.01 mL、0.001 mL 各 1 份。

中度污染水:10 mL、1 mL、0.1 mL、0.01 mL 各 1 份。

轻度污染水:100 mL、10 mL、1 mL、0.1 mL 各 1 份。

大肠菌群变异不大的水源水:10 mL 10 份。

操作步骤同生活饮用水或食品生产用水的检验,同时应注意,接种量 1 mL 及 1 mL 以内用单料乳糖胆盐发酵管,接种量在 1 mL 以上者,应保证接种后发酵管(瓶)中的总液体为单料培养液。然后根据证实有大肠菌群存在的阳性管(瓶)数,查表 5-4～表 5-7,并报告每升水中的大肠菌群数。

表5-4 大肠菌群检索表(严重污染水)

| 接种水样量/mL | | | | 每升水样中大肠菌群数 | 备 注 |
|---|---|---|---|---|---|
| 0 | 0.1 | 0.01 | 0.001 | | |
| − | − | − | − | <900 | |
| − | − | − | + | 900 | |
| − | − | + | − | 900 | |
| − | + | − | − | 950 | |
| − | − | + | + | 1 800 | |
| − | + | − | + | 1 900 | |
| − | + | + | − | 2 200 | |
| + | − | − | − | 2 300 | 接种水样总量为1.111 mL(1 mL、0.1 mL、0.01 mL、0.001 mL 各1份) |
| − | + | + | + | 2 800 | |
| + | − | − | + | 9 200 | |
| + | − | + | − | 9 400 | |
| + | − | + | + | 18 000 | |
| + | + | − | − | 23 000 | |
| + | + | − | + | 96 000 | |
| + | + | + | − | 238 000 | |
| + | + | + | + | >238 000 | |

表5-5 大肠菌群检索表(中度污染水)

| 接种水样量/mL | | | | 每升水样中大肠菌群数 | 备 注 |
|---|---|---|---|---|---|
| 10 | 1 | 0.1 | 0.01 | | |
| − | − | − | − | <90 | |
| − | − | − | + | 90 | |
| − | − | + | − | 90 | |
| − | + | − | − | 95 | |
| − | − | + | + | 180 | 接种水样总量为 11.11 mL(10 mL、1 mL、0.1 mL、0.01 mL 各1份) |
| − | + | − | + | 190 | |
| − | + | + | − | 220 | |
| + | − | − | − | 230 | |
| − | + | + | + | 280 | |
| + | − | − | + | 920 | |

续表

| 接种水样量/mL | | | | 每升水样中大肠菌群数 | 备 注 |
|---|---|---|---|---|---|
| 10 | 1 | 0.1 | 0.01 | | |
| + | − | + | − | 940 | |
| + | − | + | + | 1 800 | |
| + | + | − | − | 2 300 | |
| + | + | − | + | 9 600 | |
| + | + | + | − | 23 800 | |
| + | + | + | + | >23 800 | |

表5-6　大肠菌群检索表(轻度污染水)

| 接种水样量/mL | | | | 每升水样中大肠菌群数 | 备 注 |
|---|---|---|---|---|---|
| 100 | 10 | 1 | 0.1 | | |
| − | − | − | − | <9 | |
| − | − | − | + | 9 | |
| − | − | + | − | 9 | |
| − | + | − | − | 9.5 | |
| − | − | + | + | 18 | |
| − | + | − | + | 19 | |
| − | + | + | − | 22 | |
| + | − | − | − | 23 | |
| − | + | + | + | 28 | |
| + | − | − | + | 92 | |
| + | − | + | − | 94 | |
| + | − | + | + | 180 | |
| + | + | − | − | 230 | |
| + | + | − | + | 960 | |
| + | + | + | − | 2 380 | |
| + | + | + | + | >2 380 | |

接种水样总量为 111.1 mL (100 mL、10 mL、1 mL、0.1 mL 各1份)

表5-7　大肠菌群变异不大的水源水

| 阳性管数 | 0 | 1 | 2 | 3 | 4 | 5 | 6 | 7 | 8 | 9 | 10 |
|---|---|---|---|---|---|---|---|---|---|---|---|
| 1 L水样中大肠菌群数 | <10 | 11 | 22 | 36 | 51 | 69 | 92 | 120 | 160 | 230 | >230 |
| 备 注 | 接种水样总量100 mL(10 mL 10份) | | | | | | | | | | |

（2）滤膜法

滤膜法所使用的滤膜为微孔滤膜。将水样注入已灭菌的放有滤膜的滤器中进行抽滤,细菌可均匀地被截留在滤膜上,然后将滤膜贴于大肠杆菌选择性培养基上进行培养。再鉴定滤膜上生长的大肠菌群菌落,计算出每升水样中含有的大肠菌群数。

① 准备工作

将 3 号滤膜放入烧杯中,加入蒸馏水,置于沸水浴中蒸煮灭菌 3 次,每次 5 min,前两次煮沸后需要换水洗涤 2～3 次,以除去残留溶剂。

准备容量为 500 mL 的滤器,用 121℃高压灭菌 20 min。也可用点燃的酒精棉球火焰灭菌。

将品红亚硫酸钠培养基放入 37℃培养箱内保温 30～60 min。

② 过滤水样

用无菌镊子夹取灭菌滤膜边缘部分,将粗糙面向上贴放于已灭菌的滤床上,轻轻地固定好滤器的漏斗。待水样摇匀后,取 333 mL 注入滤器中,加盖,打开滤器阀门,在－50 kPa 大气压下进行抽滤。

滤完后抽气约 5 s,关上滤器阀门,取下滤器。用无菌镊子夹取滤膜边缘部分,移放在预温好的品红亚硫酸钠培养基上,将滤膜截留细菌面向上并与培养基完全紧贴,两者间不留有间隙或气泡。如有气泡可用镊子轻轻压实,倒放在 37℃培养箱中培养 16～18 h。

③ 结果判定

挑选紫红色,具有金属光泽的菌落;深红色,不带或略带金属光泽的菌落;淡红色,中心颜色较深的菌落进行革兰氏染色。

凡属于革兰氏染色阴性无芽孢杆菌,再接种于乳糖蛋白胨半固体培养基,37℃培养 6～8 h 产气者,则判定为大肠菌群。

1 L 水样中大肠菌群数等于滤膜上生长的大肠菌群菌落数乘以 3。

3. 水的卫生标准

饮用水、水源水卫生标准见表 5-8。

表 5-8　饮用水、水源水卫生标准

| 用　　途 | | 大肠菌群/100 mL | 菌落总数/mL |
|---|---|---|---|
| 饮用水 | | 1 L 水中不超过 3 个 | ≤100 |
| 水源水 | 准备加氯消毒后供饮用的水 | ≤1 000 | |
| | 准备净化处理及加氯消毒后供饮用的水 | ≤10 000 | |

## 二、空气样品的检验

1. 空气中菌落总数的测定

空气中菌落总数的测定选用普通营养琼脂培养基,按项目四任务一检验,经培养后计数。

2. 空气中霉菌的检验

空气中霉菌的检验,可用马铃薯琼脂培养基或玉米粉琼脂培养基曝置在空气中做直接沉降法检验,按项目四任务三检验,经 27±1℃培养 3～5 d 计算霉菌菌落数。

### 三、食品生产工具样品的检验

接种前要充分振摇有棉签的试管,菌落总数与大肠菌群除按规定的检验方法进行检测外,还应注意以下事项。

**1. 食品生产工具中菌落总数的测定**

放有棉签的试管充分振摇(原液)。根据污染情况,选择 2～3 个合适的连续稀释度接种,置 $36\pm1$℃培养 $48\pm2$ h 后计数,报告结果用 $CFU/cm^2$ 或 CFU/个(生产小用具)表示。

**2. 食品生产工具中大肠菌群的测定**

用无菌吸管吸取 1 mL 原液至 9 mL 无菌生理盐水中,按九管发酵法接种;或采用大肠菌群平板计数法进行定量检验。也可将采样后的棉签直接插入装有 10 mL 单料月桂基硫酸胰蛋白胨肉汤管内进行初发酵,再按检验规程进行定性检验。报告结果用大肠菌群 $MPN/cm^2$ 表示。

## 思考与训练

1. 空气中的微生物指标有哪些?
2. 简述水中大肠菌群检验的流程。
3. 食品生产工具中菌落总数和大肠菌群检测结果用何单位表示?

# 附 录

| 阳性管数 | | | MPN | 95%可信限 | | 阳性管数 | | | MPN | 95%可信限 | |
|---|---|---|---|---|---|---|---|---|---|---|---|
| 0.10 | 0.01 | 0.001 | | 下限 | 上限 | 0.10 | 0.01 | 0.001 | | 下限 | 上限 |
| 0 | 0 | 0 | <3.0 | — | 9.5 | 2 | 2 | 0 | 21 | 4.5 | 42 |
| 0 | 0 | 1 | 3.0 | 0.15 | 9.6 | 2 | 2 | 1 | 28 | 8.7 | 94 |
| 0 | 1 | 0 | 3.0 | 0.15 | 11 | 2 | 2 | 2 | 35 | 8.7 | 94 |
| 0 | 1 | 1 | 6.1 | 1.2 | 18 | 2 | 3 | 0 | 29 | 8.7 | 94 |
| 0 | 2 | 0 | 6.2 | 1.2 | 18 | 2 | 3 | 1 | 36 | 8.7 | 94 |
| 0 | 3 | 0 | 9.4 | 3.6 | 38 | 3 | 0 | 0 | 23 | 4.6 | 94 |
| 1 | 0 | 0 | 3.6 | 0.17 | 18 | 3 | 0 | 1 | 38 | 8.7 | 110 |
| 1 | 0 | 1 | 7.2 | 1.3 | 18 | 3 | 0 | 2 | 64 | 17 | 180 |
| 1 | 0 | 2 | 11 | 3.6 | 38 | 3 | 1 | 0 | 43 | 9 | 180 |
| 1 | 1 | 0 | 7.4 | 1.3 | 20 | 3 | 1 | 1 | 75 | 17 | 200 |
| 1 | 1 | 1 | 11 | 3.6 | 38 | 3 | 1 | 2 | 120 | 37 | 420 |
| 1 | 2 | 0 | 11 | 3.6 | 42 | 3 | 1 | 3 | 160 | 40 | 420 |
| 1 | 2 | 1 | 15 | 4.5 | 42 | 3 | 2 | 0 | 93 | 18 | 420 |
| 1 | 3 | 0 | 16 | 4.5 | 42 | 3 | 2 | 1 | 150 | 37 | 420 |
| 2 | 0 | 0 | 9.2 | 1.4 | 38 | 3 | 2 | 2 | 210 | 40 | 430 |
| 2 | 0 | 1 | 14 | 3.6 | 42 | 3 | 2 | 3 | 290 | 90 | 1 000 |
| 2 | 0 | 2 | 20 | 4.5 | 42 | 3 | 3 | 0 | 240 | 42 | 1 000 |
| 2 | 1 | 0 | 15 | 3.7 | 42 | 3 | 3 | 1 | 460 | 90 | 2 000 |
| 2 | 1 | 1 | 30 | 4.5 | 42 | 3 | 3 | 2 | 1 100 | 180 | 4 100 |
| 2 | 1 | 2 | 27 | 8.7 | 94 | 3 | 3 | 3 | >1 100 | 420 | — |

注1：本表采用3个稀释度[0.1 g(mL)、0.01 g(mL)和0.001 g(mL)]，每个稀释度接种3管。

注2：表内所列检样量如改用1 g(mL)、0.1 g(mL)和0.01 g(mL)时，表内数字应相应降低10倍；如改用0.01 g(mL)、0.001 g(mL)、0.000 1 g(mL)时，则表内数字应相应增高10倍，其余类推。

# 参考文献

［1］ 王鸿.微生物检验检测［M］.上海：复旦大学出版社，2011.

［2］ 雅梅.食品微生物检验技术［M］.北京：化学工业出版社，2012.

［3］ 林建半.小生命大奉献［M］.杭州：浙江人学出版社，2002.